可编程控制器应用技术
（西门子S7-200）

主　编　黄俊梅　陈　斐

副主编　罗　剑　赵亚玲

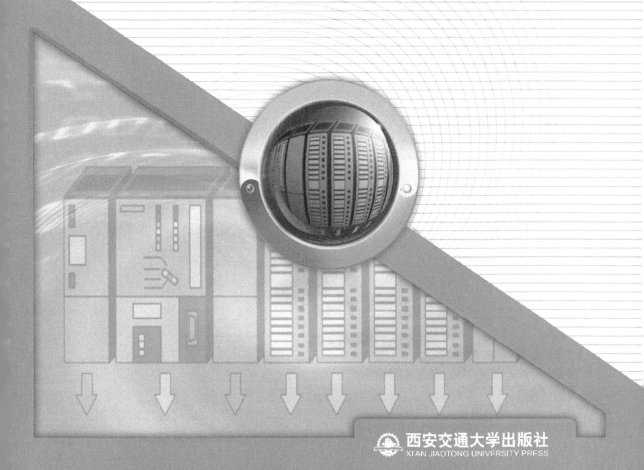

西安交通大学出版社

XI'AN JIAOTONG UNIVERSITY PRESS

图书在版编目(CIP)数据

可编程控制器应用技术:西门子 S7-200 / 黄俊梅,陈斐主编 . — 西安 :
西安交通大学出版社,2020.8

ISBN 978 - 7 - 5693 - 1525 - 7

Ⅰ. ①可… Ⅱ. ①黄… ②陈… Ⅲ. ①可编程序控制器-高等
职业教育-教材 Ⅳ. ①TP332.3

中国版本图书馆 CIP 数据核字(2020)第 291708 号

书　　名	可编程控制器应用技术(西门子 S7-200)	
主　　编	黄俊梅　陈　斐	
责任编辑	李　佳	

出版发行　西安交通大学出版社
　　　　　(西安市兴庆南路 1 号　邮政编码 710048)
网　　址　http://www.xjtupress.com
电　　话　(029)82668357　82667874(发行中心)
　　　　　(029)82668315(总编办)
传　　真　(029)82668280
印　　刷　西安日报社印务中心

开　　本　787mm×1092mm　1/16　印张 15.875　字数 397 千字
版次印次　2020 年 8 月第 1 版　2020 年 8 月第 1 次印刷
书　　号　ISBN 978 - 7 - 5693 - 1525 - 7
定　　价　46.50 元

前　言

可编程序控制器(Programmable Logic Controller,PLC)是一种专门应用于工业控制领域的计算机,是在继电器、接触器控制技术的基础上,综合自动控制技术、计算机技术和通信技术形成的一种新型自动控制设备。由于PLC具有使用简单、灵活和可靠等优点,现已成为工业自动化领域中应用最广泛的控制装置之一。目前PLC在我国的应用十分广泛,尤其是小型西门子S7-200PLC,使用方便,备受电气工程技术人员的欢迎。

本书内容在选取上,力求用实例引领读者,着重考虑培养学生自主分析和解决实际问题的能力,体现当前高职教育的要求。本书适用于高职电气自动化、机电一体化及其他相关专业PLC的教学,也可作为企业电气工程技术及维修人员的参考用书。

本书采用分篇式结构,基础篇以PLC基础知识介绍为主,应用篇以PLC实例应用为主,可穿插学习,充分体现"懂理论"与"会操作"的理念,形成了由简单到复杂、由单一到综合的教学体系结构。基础篇主要由第1章PLC基础知识、第2章S7-200的指令系统,第3章程序控制指令及其应用和第4章S7-200高速计数器和高速脉冲输出组成;应用篇主要由第5章基本指令控制应用,第6章PLC综合应用训练项目,第7章S7-200系列PLC的通信及其应用和第8章PLC在变频控制系统中的应用组成。

本书由陕西能源职业技术学院黄俊梅、陈斐担任主编;罗剑、赵亚玲担任副主编。黄俊梅编写了第1、2、5章,陈斐编写了第3、4、8章,罗剑编写了第6章,赵亚玲编写了第7章。全书由黄俊梅统稿。

本书在编写过程中,得到了陕西能源职业技术学院智能制造与信息工程学院、继续教育学院的大力支持,在此表示由衷感谢。此外,对于本书中引用的参考用书的作者表示诚挚的谢意!

由于编者的水平有限,书中疏漏之处恳切希望广大读者批评指正。

编　者

目　录

第一篇　基础篇

第二篇　应用篇

第一篇 基础篇

第1章 PLC 基础知识

随着计算机、数字通信技术的飞速发展,计算机控制已扩展到了几乎所有的工业领域。现代社会要求制造业对市场需求作出迅速的反应,为了满足这一要求,生产设备和自动生产线的控制系统必须具有极高的可靠性和灵活性,PLC 正是顺应这一要求出现的,并已成为工业自动化领域中广泛应用的一种工业控制装置。

1.1 PLC 概述

PLC 是英文 Programmable Logic Controller 的缩写,全称可编程控制器。PLC 是从早期的继电器逻辑控制系统发展而来的。PLC 之所以得以快速发展,在于它更加适合工业环境和市场的要求,具有可靠性高、抗干扰性强、性价比高等特点。PLC 现已成为自动化工程的核心设备,在自动化工程中使用量高居首位。

1.1.1 PLC 的定义

国际电工委员会(IEC)于 1987 年颁布了可编程控制器标准草案第三稿。在该草案中对 PLC 定义如下:"可编程控制器是一种数字运算操作的电子系统,专为在工业环境下应用而设计。它采用可编程序的存储器,用于其内部存储程序,执行逻辑运算、顺序控制、定时、计数和算术运算等面向用户的指令,并通过数字式和模拟式的输入和输出,控制各种类型的机械或生产过程。可编程控制器及其有关外围设备,都应按易于与工业系统联成一个整体,易于扩充其功能的原则设计。"

上述定义表明,PLC 是一种能直接应用于工业环境的数字电子装置,是以微处理器为基础,结合计算机技术、自动控制技术和通信技术,用面向控制过程、面向用户的"自然语言"编程的一种简单易懂、操作方便、可靠性高的新一代通用工业控制装置。

1.1.2 PLC 的产生和发展

1836 年继电器问世,人们开始用导线将它同开关器件巧妙的连接,构成用途各异的逻辑控制或顺序控制。在 PLC 问世之前,工业控制领域是以继电器控制占主导地位的。

1968 年,美国通用汽车公司为了适应汽车型号不断更新,生产工艺不断变化的需要,实现小批量、多品种生产,希望能生产一种新型工业控制器,它能做到尽可能减少重新设计和更换电器控制系统及接线,以降低成本,缩短周期。

PLC 的设计思想是吸取继电器和计算机两者的优点:继电器控制系统体积大、可靠性低、接线复杂、不易更改、查找和排除故障困难,对生产工艺变化的适应性差,但简单易懂、价格便宜;计算机编程困难,但它的功能强大、灵活(可编程)、通用性好。采用面向控制过程、面向问题的"自然语言"进行编程,可以使不熟悉计算机的人也能很快掌握使用。

1969年,由美国数字设备公司根据美国通用汽车公司的要求成功研制了世界上第一台PLC(PDP-14),并在通用汽车公司自动装配线上试用成功。这种新型的工控装置,以其体积小、可变性好、可靠性高、使用寿命长、简单易懂、操作维护方便等一系列优点,很快就在美国的许多行业里得到推广应用,也受到了世界上许多国家的高度重视。1971年,日本从美国引进了这项新技术,很快研制出了他们的第1台PLC。1973年,欧洲一些国家也研制出了他们的第1台PLC。我国从1974年开始研制PLC,到1977年开始应用于工控领域。在这一时期,PLC虽然采用了计算机的设计思想,但实际上PLC只能完成顺序控制,仅有逻辑运算等简单功能,所以人们将它称为可编程逻辑控制器(Programmable Logic Controller),简称为PLC。

20世纪70年代末至20世纪80年代初期,PLC的处理速度大大提高,增加了许多功能。在软件方面,除了保持原有的逻辑运算、计时、计数等功能以外,还增加了算术运算、数据处理、网络通信、自诊断等功能。在硬件方面,除了保持原有的开关模块以外,还增加了模拟量模块、远程I/O模块以及各种特殊功能模块,并扩大了存储器的容量,而且还提供一定数量的数据寄存器。为此,美国电气制造协会将可编程序逻辑控制器正式命名为编程序控制器(Programmable Controller,PC)。但由于容易和个人计算机PC(Personal Computer)混淆,故人们仍习惯用PLC作为可编程序控制器的简称。

20世纪80年代以后,随着大规模、超大规模集成电路等微电子技术的迅速发展,16位和32位微处理器应用于PLC中,使得PLC迅速发展。此时的PLC不仅控制功能增强,同时可靠性提高,功耗、体积减小,成本降低,编程和故障检测更加灵活方便,而且具有通信和联网、数据处理和图象显示等功能,这标志着可编程控制器已步入成熟阶段。

近年来,PLC的发展十分迅速,成为具备计算机功能的一种通用工业控制装置。它集三电(电控、电仪、电传)为一体,具有性能价格比高、高可靠性的特点,在工业自动化领域,如冶金、电力、汽车电子、印刷包装、纺织、建材加工等行业得到了广泛的应用,如图1-1所示。

图1-1 PLC的应用

1.1.3　PLC 控制系统与继电器控制系统的区别

PLC 控制系统是由继电器控制系统和计算机控制系统发展而来的,如图 1-2 所示。

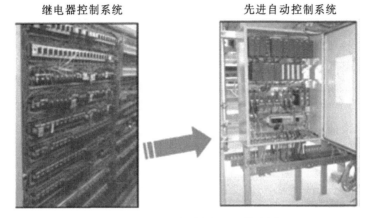

继电器控制系统　　　　　　　　先进自动控制系统

图 1-2　继电器控制到 PLC 的发展

PLC 与传统的继电器控制系统相比,不同点表现在以下几个方面:

(1)继电器控制系统采用许多硬器件、硬触点和"硬"接线连接组成逻辑电路实现逻辑控制要求,而且易磨损、寿命短;而 PLC 控制系统内部大多采用"软"继电器、"软"触点和软"接线连接,其控制逻辑由存储在内存中的程序实现,且无磨损现象,寿命长。

(2)继电器控制的体积大、连线多;PLC 控制系统结构紧凑、体积小、连线少。

(3)继电器控制系统功能的改变需拆线、接线乃至更换元器件,比较麻烦;而 PLC 控制功能的改变一般仅需修改程序即可,极其方便。

(4)继电器控制系统中的触点数量有限,用于控制用的继电器触点数一般只有 4～8 对;而 PLC 每个软继电器供编程用的触点数有无限对,使得 PLC 控制系统有很好的灵活性和扩展性。

(5)在继电器控制系统中,为了达到某种控制目的,要求安全可靠,节约触点用量,因此设置了许多制约关系的连锁环节;在 PLC 控制系统中,由于采用扫描工作方式,不存在几个并列支路同时动作的因素,因此设计过程大为简化,可靠性增强。

(6)PLC 控制系统具有自检功能,能查出自身的故障,将其随时显示给操作人员,并能动态地监视控制程序的执行情况,为现场调试和维护提供了方便。

1.1.4　PLC 的特点、功能

1. PLC 的特点

PLC 作为一种工业控制装置,在结构、性能、功能及编程手段等方面有以下特点。

1)性能特点——可靠性高,抗干扰能力强

PLC 是专为工业控制设计的,在设计与制造过程中均采用了屏蔽、滤波、光电隔离等有效措施,并且采用模块式结构,有故障后可以迅速更换。PLC 的平均无故障时间可达 2 万小时以上。

2)功能特点——功能完善,适应性(通用性)强

PLC具有逻辑运算、定时、计数等很多功能,还能进行 D/A、A/D 转换,数据处理,通信联网。其运行速度很快、精度高、品种多、档次也多,许多 PLC 制成模块式,可灵活组合。

3)编程特点——编程手段直观、简单,易于掌握

编程简单是 PLC 优于微机的一大特点。目前大多数 PLC 都采用与实际电路接线图非常相近的梯形图编程,这种编程语言形象直观,易于掌握。

4)使用特点——使用方便,易于维护

PLC 体积小、质量小、便于安装;其输入端子可直接与各种开关量和传感器连接,输出端子通常也可直接与各种继电器连接;其维护方便,有完善的自诊断功能和运行故障指示装置,可以迅速、方便地检查、判断出故障,缩短检修时间。

由上述内容可知,PLC 控制系统比传统的继电器控制系统具有许多优点,在许多方面可以取代继电器控制。

2. PLC 的功能

1)开关逻辑和顺序控制

这是 PLC 应用最广泛、最基本的场合。它的主要功能是完成开关逻辑运算和进行顺序逻辑控制,从而实现各种控制要求。

2)模拟控制(A/D 和 D/A 控制)

在工业生产过程中,许多连续变化的需要进行控制的物理量,如温度、压力、流量等都属于模拟量。过去,PLC 善长逻辑运算控制,对于模拟量的控制主要靠仪表或分布式控制系统,目前大部分 PLC 产品都具备处理这类模拟量的功能,而且编程和使用方便。

3)定时/计数控制

PLC 具有很强的定时、计数功能,它可以为用户提供数十甚至上百个定时器与计数器。对于定时器,定时间隔可以由用户设定;对于计数器,如果需要对频率较高的信号进行计数,则可以选择高速计数器。

4)步进控制

PLC 为用户提供了一定数量的移位寄存器,用移位寄存器可方便地完成步进控制功能。

5)运动控制

在机械加工行业,可编程序控制器与计算机数控(CNC)集成在一起,用以完成机床的运动控制。

6)数据处理

大部分 PLC 都具有不同程度的数据处理能力,它不仅能进行算术运算、数据传送,而且还能进行数据比较、数据转换、数据显示打印等操作,有些 PLC 还可以进行浮点运算和函数运算。

7)通信联网

PLC 具有通信联网的功能,它使 PLC 与 PLC 之间,PLC 与上位计算机以及其他智能设备之间能够交换信息,形成一个统一的整体,实现分散集中控制。

1.1.5　PLC 的分类

PLC 产品种类繁多,其规格和性能也各不相同。对 PLC 的分类,通常根据其结构形式的不同,功能的差异和 I/O 点数的多少等进行大致分类。

1. 按结构形式分类

1)整体式 PLC

整体式 PLC 将电源、CPU、I/O 接口等部件都集中装在一个机箱内,具有结构紧凑、体积小、价格低的特点。整体式 PLC 由不同 I/O 点数的基本单元(又称主机)和扩展单元组成。基本单元内有 CPU、I/O 接口、与 I/O 扩展单元相连的扩展口,以及与编程器或 EPROM 写入器相连的接口等。扩展单元内只有 I/O 和电源等,没有 CPU。基本单元和扩展单元之间一般用扁平电缆连接。整体式 PLC 一般还可配备特殊功能单元,如模拟量单元、位置控制单元等,使其功能得以扩展。小型 PLC 一般采用整体式结构,如图 1-3 所示。

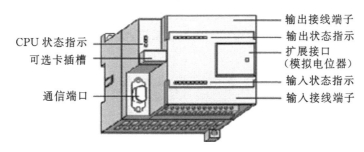

图 1-3　整体式 PLC 结构

2)模块式 PLC

模块式 PLC 将 PLC 各组成部分分别制成若干个单独的模块,如 CPU 模块、I/O 模块、电源模块(有的含在 CPU 模块中)以及各种功能模块。模块式 PLC 由框架或基板和各种模块组成。模块装在框架或基板的插座上。这种模块式 PLC 的特点是配置灵活,可根据需要选配不同模块组成一个系统,而且其装配方便,便于扩展和维修。大、中型 PLC 一般采用模块式结构,如图 1-4 所示。

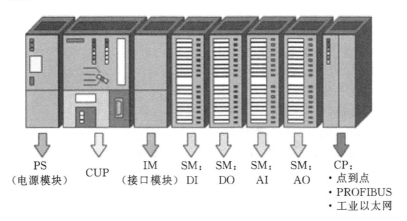

图 1-4　模块式 PLC 结构

2. 按功能分类

根据 PLC 所具有的功能不同,可将 PLC 分为低档、中档、高档三类。

1)低档 PLC

具有逻辑运算、定时、计数、移位以及自诊断、监控等基本功能,还可有少量模拟量输入/输出、算术运算、数据传送和比较、通信等功能。主要用于逻辑控制、顺序控制或少量模拟量控制的单机控制系统。

2)中档 PLC

除具有低档 PLC 的功能外,还具有较强的模拟量输入/输出、算术运算、数据传送和比较、数制转换、远程 I/O、子程序、通信联网等功能。有些还可增设中断控制、PID 控制等功能,适用于复杂控制系统。

3)高档 PLC

除具有中档 PLC 的功能外,还增加了带符号算术运算、矩阵运算、位逻辑运算、平方根运算及其他特殊功能函数的运算、制表及表格传送功能等。高档 PLC 具有更强的通信联网功能,可用于大规模过程控制或构成分布式网络控制系统,实现工厂自动化。

3. 按 I/O 点数分类

根据 PLC 的 I/O 点数的多少,可将 PLC 分为小型、中型和大型三类。

1)小型 PLC

I/O 点数小于 256 点,单 CPU,8 位或 16 位处理器,存储器容量 4 KB 以下。

如:GE-I 型美国通用电气公司

　　TI100 美国德州仪器公司

　　F、F1、F2 日本三菱电气公司

　　C20、C40 日本立石公司(欧姆龙)

　　S7-200 德国西门子公司

　　EX20、EX40 日本东芝公司

　　SR-20/21 无锡华光电子工业有限公司

2)中型 PLC

I/O 点数 256～2048 点,双 CPU,用户存储器容量 2～8 KB。

如:S7-300 德国西门子公司

　　SR-400 无锡华光电子工业有限公司

　　SU-5、SU-6 德国西门子公司

　　C-500 日本立石公司

　　GE-Ⅲ GE 公司

3)大型 PLC

I/O 点数大于 2048 点,多 CPU,16 位、32 位处理器,用户存储器容量 8～16 KB。

如:S7-400 德国西门子公司

　　GE-Ⅳ GE 公司

　　C-2000 立石公司

　　K3 三菱公司等

4.按生产厂家分类

PLC 的生产厂家很多,国内国外都有,其点数、容量、功能各有差异,但都自成系列,比较有影响的厂家如下。

(1)日本立石公司的 C 系列可编程控制器;

(2)日本三菱公司的 F、F1、F2、FX2 系列可编程控制器;

(3)日本松下电工公司的 FP1 系列可编程控制器;

(4)美国通用电气公司的 GE 系列可编程控制器;

(5)美国艾伦—布拉德利公司的 PLC-5 系列可编程控制器;

(6)德国西门子公司的 S5、S7 系列可编程控制器。

本书将以德国西门子 S7-200 产品为例进行介绍。

1.2　PLC 的基本结构与工作原理

可编程控制器是一种工业控制计算机,它的工作原理与计算机工作原理基本一致。

1.2.1　PLC 的基本结构

PLC 的基本结构主要由中央处理器模块、存储器模块、输入/输出模块和电源等几部分构成,如图 1-5 所示。

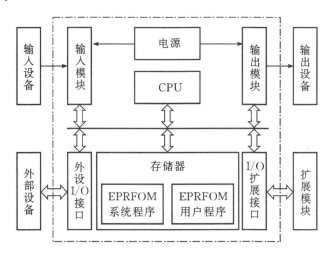

图 1-5　PLC 基本结构

1.中央处理器(CPU)

CPU 是 PLC 的核心部件,主要用来运行用户程序、监控输入/输出接口状态以及进行逻辑判断和数据处理。CPU 用扫描的方式读取输入装置的状态或数据,从内存逐条读取用户程序,通过解释后按指令的规定产生控制信号,然后分时、分渠道地执行数据的存取、传送、比较和变换等处理过程,完成用户程序所设计的逻辑或算术运算任务,并根据运算结果控制输出设备响应外部设备的请求以及进行各种内部诊断。

2. 存储器

可编程控制器的存储器主要包括系统程序存储器和用户存储器两部分。

系统程序存储器：用以存放系统工作程序（监控程序）、模块化应用功能子程序、命令解释功能子程序的调用管理程序，以及对应定义（I/O、内部继电器、计时器、计数器、移位寄存器等存储系统）参数等功能。系统程序直接关系到 PLC 的性能，不能由用户直接存取。

用户存储器：用以存放用户程序即存放通过编程器输入的用户程序。PLC 的用户存储器通常以字（1 字＝16 位）为单位来表示存储容量。通常 PLC 产品资料中所指的存储器型式或存储方式及容量，是对用户程序存储器而言。

3. 电源

PLC 的电源是指为 CPU、存储器和 I/O 接口等内部电子电路工作所配备的直流开关电源。PLC 通常有 220 V AC 电源和 24 V DC 电源两种。电源的交流输入端一般都有脉冲吸收电路，交流输入电压范围一般都比较宽，抗干扰能力比较强。电源的直流输电压多为直流 5 V 电源和直流 24 V 电源。直流 5 V 电源供 PLC 内部使用，直流 24 V 电源除供内部使用外还可以供输入/输出单元和各种传感器使用。

4. 输入/输出接口单元

输入（Input）和输出（Output）接口电路，是 PLC 与现场 I/O 设备或其他外部设备之间的连接部件。PLC 通过输入接口把外部设备（如开关、按钮、传感器）的状态或信息读入 CPU，通过用户程序的运算与操作，把结果通过输出接口传递给执行机构（如电磁阀、继电器、接触器等）。

1）输入接口电路

输入接口电路用来接收和采集输入信号。开关量输入用来接收从按钮、选择开关、数字拨码开关、限位开关、接近开关、光电开关、压力继电器等提供的开关量输入信号；模拟量输入用来接收电位器、测速发电机和各种变送器提供的连续变化的模拟量电流、电压信号。

各种 PLC 的输入接口电路结构大都相同，按其接口接受的外信号电源划分有两种类型：直流输入接口电路和交流输入接口电路，其作用是把现场的开关量信号变成 PLC 内部处理的标准信号。PLC 的输入接口电路如图 1－6 所示。

在 PLC 的输入接口电路中，当输入开关闭合时，即当现场开关闭合时，对应的输入映像寄存器为"1"状态，同时该输入端光电耦合器的发光二极管（LED）点亮，光敏三级管将接收到的光信号送入 PLC 内部，供 CPU 处理；当现场开关断开时，对应的输入映像寄存器为"0"状态。

光电耦合器作用：实现现场与 PLC 主机的电器隔离；避免外电路出故障时损坏主机；电平交换，光电耦合将现场信号电平变换成 PLC 标准电平。

2）输出接口电路

输出接口电路作用是把 PLC 内部的标准信号转换成现场执行机构所需的开关量信号，驱动负载。开关量输出用来控制接触器、电磁阀、电磁铁、指示灯、数字显示装置和报警装置等输出设备；模拟量输出用来控制调节阀、变频器等执行装置。为适应不同负载需要，各类 PLC 的输出都有三种类型的接口电路，即继电器输出（M）、晶体管输出（T）、晶闸管输出（S）。

（1）继电器输出。继电器输出既可驱动交流负载，又可驱动直流负载，驱动负载的能力在2A 左右。图 1－7 为继电器输出电路。

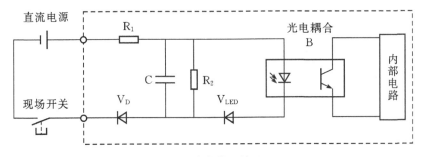

（a）直流输入单元

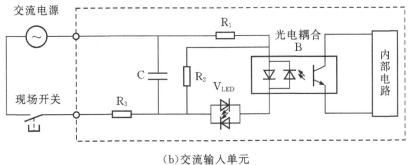

（b）交流输入单元

图 1-6　PLC 的输入接口电路

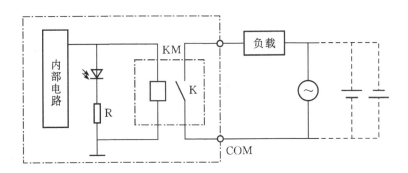

图 1-7　继电器输出电路

当内部电路的状态为 1 时,继电器 K 的线圈通电,产生电磁吸力,触点闭合,则负载得电,同时点亮 LED,表示该路输出点有输出。当内部电路的状态为 0 时,继电器 K 的线圈无电流,触点断开,则负载断电,同时 LED 熄灭,表示该路输出点无输出。

继电器输出电路优点:不同公共点之间可带不同的交、直流负载,且电压也可不同,带负载能力可达 2 A;不适用于高频动作的负载,这是由继电器的寿命决定的。其寿命随带负载电流的增加而减少,一般在几十万次至 100 万次之间,有的产品可达 1000 万次以上,响应时间为 10 ms。因其电路设计简单,抗干扰和带负载能力强,当系统输出频率为每分钟 6 次以下时,应首选继电器输出。

(2)晶体管输出。这种输出形式只可驱动直流负载,它的优点是可靠性强,执行速度快,寿命长；缺点是过载能力差。适合在直流供电、输出量变化快的场合选用，响应时间为 0.2 ms。图 1-8 为晶体管输出电路。

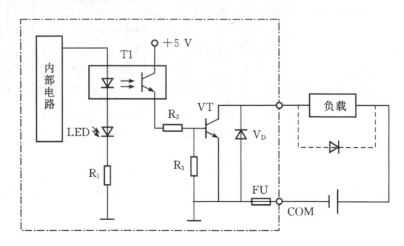

图 1-8　晶体管输出电路

当内部电路的状态为 1 时，光电耦合器 T1 导通，使大功率晶体管 VT 饱和导通，则负载得电，同时点亮 LED，表示该路输出点有输出。当内部电路的状态为 0 时，光电耦合器 T1 断开，大功率晶体管 VT 截止，则负载失电，LED 熄灭，表示该路输出点无输出。V_D 为保护二极管，可防止负载电压极性接反或高电压、交流电压损坏晶体管；FU 的作用是防止负载短路时损坏 PLC。当负载为电感性负载，VT 关断时会产生较高的反电势所以必须给负载并联续流二极管，为其提供放电回路，避免 VT 承受过电压。

（3）双向可控硅输出。双向可控硅输出适合驱动交流负载。由于双向可控硅和大功率晶体管同属于半导体材料元件，所以优缺点与大功率晶体管或场效应管输出形式的相似，适合在交流供电、输出量变化快的场合选用。图 1-9 为双向可控硅输出电路。

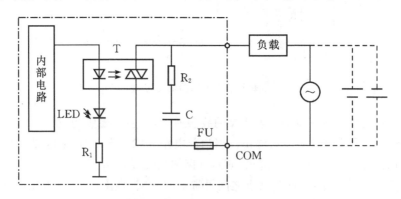

图 1-9　双向可控硅输出电路

无论外接电源极性如何，当内部电路的状态为 1 时，发光二极管导通发光，相当于对双向晶闸管施加了触发信号。

5. 输入/输出扩展接口

输入/输出扩展接口是 PLC 主机用于扩展输入/输出点数和类型的部件。这种扩展接口实际上为总线形式,可以配置开关量的 I/O 单元,也可配置模拟量和高速计数等特殊 I/O 单元及通信适配器等。

6. 外设 I/O 接口

外设 I/O 接口也叫通信接口,用于连接其他 PLC、编程器、文本显示器、触摸屏、变频器或打印机等外部设备,如图 1-10 所示。PLC 通过 PC/PPI 电缆或使用 MPI 卡通过 RS-485 接口与计算机连接,可以实现编程、监控、联网等功能。

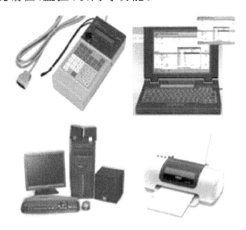

图 1-10　PLC 的外部设备

1.2.2　PLC 的工作原理

1. PLC 扫描方式

PLC 的运行是通过执行反映控制要求的程序来完成的,需要执行众多的操作。但 CPU 不可能同时去执行多个操作,它只能按分时操作(串行工作)的方式,每次执行一个操作并按顺序逐个执行。由于 CPU 的运算处理速度很快,所以从宏观上看,PLC 外部出现的结果似乎是同时完成的,这种串行工作方式称为 PLC 的周期性顺序扫描工作方式。

对每个程序,如果无跳转指令,则从第一条指令开始逐条执行用户程序,直至遇到结束符后又返回第一条指令,如此周而复始不断循环,整个过程扫描执行一遍所需的时间称为扫描周期。扫描周期与 CPU 的运行速度、PLC 硬件配置及用户程序长短有关,典型值为 1～100 ms。

PLC 与继电器的扫描工作方式比较:

(1)继电器—接触器控制装置采用硬逻辑的并行工作方式,如果某个继电器的线圈通电或断电,那么该继电器的所有常开和常闭触点不论处在控制电路的哪个位置上,都会立即同时动作。

(2)PLC 采用周期性顺序扫描工作方式(串行工作方式),如果某个软继电器的线圈被接通或断开,其所有的触点不会立即动作,必须等扫描到该触点时才会动作。这种“串行”工作方式可以避免继电器控制系统中触点竞争和时序失配问题,从根本上提高了系统的抗干扰能力,增强了系统的可靠性。

2. PLC 程序执行的过程

PLC 程序执行的过程分三个阶段,即输入采样阶段、程序执行阶段、输出刷新阶段,如图 1-11 所示。

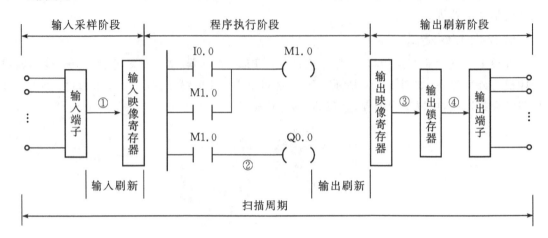

图 1-11　PLC 执行程序的过程

1)输入采样阶段

在这一阶段,PLC 以扫描工作方式按顺序将所有输入端的输入状态采样,并存入输入映像寄存器中。在本工作周期内,采样结果的内容不会改变,而且采样结果将在 PLC 执行程序时被使用。当 PLC 进入程序执行阶段后输入端将被封锁,直到下一个扫描周期的输入采样阶段才对输入状态进行重新采样,即集中采样。

2)程序执行阶段

在这一阶段,PLC 按顺序进行扫描,即从上到下、从左到右地扫描每条指令,并分别从输入映像寄存器和输出映像寄存器中获得所需的数据进行运算、处理,再将程序执行的结果写入输出映像寄存器中保存。在用户程序中如果对输出结果多次赋值,则最后一次有效。在一个扫描周期内,只在输出刷新阶段才将输出状态从输出映像寄存器中输出,对输出接口进行刷新。在其他阶段,输出状态一直保存在输出映像寄存器中,这个结果在全部程序未执行完毕之前不会送到输出端口上。

3)输出刷新阶段

在所有用户程序执行完后,PLC 将输出映像寄存器中的内容送入输出锁存器中。通过一定方式输出,驱动外部负载,即集中输出。

PLC 输出对输入的响应滞后,即从 PLC 输入端的输入信号发生变化到 PLC 输出端对该输入变化做出反应需要一段时间,对一般的工业控制,这种滞后是完全允许的。

3. PLC 的等效工作电路

为了进一步理解 PLC 控制系统和继电器控制系统的关系,必须了解 PLC 的等效工作电路。PLC 的等效电路可分为三个部分:收集被控设备(开关、按钮、传感器等)的信息或操作命令的输入部分,运算、处理来自输入部分信息的内部控制电路,驱动外部负载的输出部分,如图 1-12 所示。

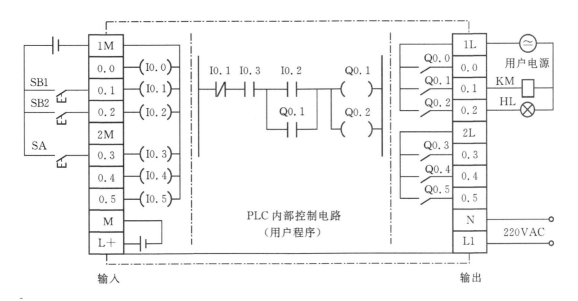

图 1-12　PLC 控制系统等效电路

输入电路由外部输入电路、PLC 输入接线端子和输入继电器组成。每个输入端子和与其相同编号的输入继电器有着唯一确定的对应关系。内部控制电路是由用户程序形成的用软继电器来代替硬继电器的控制逻辑。输出部分是由 PLC 内部的输出继电器的常开接点、输出接线端子和外部驱动电路组成，用来驱动外部负载。

1.3　S7-200 系列 PLC

1.3.1　S7-200 系列 PLC 的结构及功能

S7-200 系列 PLC 的结构是整体式，其基本结构包括主机单元(又称基本单元)和编程器，是具有很高性价比的小型 PLC。根据控制规模的大小(即 I/O 点的多少)可选择相应主机单元的 CPU。S7-200 主机单元的 CPU 有 CPU21X 和 CPU22X 两代产品，CPU22X 是 S7-200 的第二代产品，CPU22X 包括 CPU221、CPU222、CPU224、CPU224XP、CPU226。除了 CPU221 型以外的主机单元都可以进行系统扩展，如扩展数字量 I/O 扩展单元、模拟量 I/O 扩展单元、通信模板、网络设备和人机界面等。

1. 主机单元的结构及功能

CPU22X 型 PLC 主机单元的外形如图 1-13 所示。

(1)输入接线端子：用于连接外部控制信号。在底部端子盖下是输入接线端子和为传感器提供的 24 V 直流电源。

(2)输出接线端子：用于连接被控设备，在顶部端子盖下是输出接线端子和 PLC 的工作电源。

(3)CPU 状态指示灯：CPU 状态指示灯有 SF、STOP、RUN 共 3 个，其作用如表 1-1 所示。

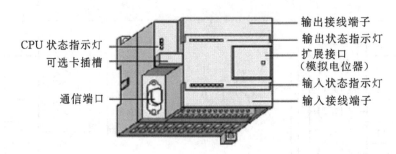

图 1-13　CPU22X 型 PLC 主机单元外形

表 1-1　CPU 状态指示灯的作用

名称		状态	作用
SF	系统故障	亮	严重的出错或硬件故障
STOP	停止状态	亮	不执行用户程序,可以通过编程装置向 PLC 装载程序或进行系统设置
RUN	运行状态	亮	执行用户程序

　　(4)输入状态指示灯:用于显示是否有控制信号(如按钮、行程开关、接近开关、光电开关等数字量信息)接入 PLC。

　　(5)输出状态指示灯:用于显示 PLC 是否有信号输出到执行设备(如接触器、电磁阀、指示灯等)。

　　(6)扩展接口:通过扁平电缆,可以连接数字量 I/O 扩展模块、模拟量 I/O 扩展模块、热电偶模块和通信模块等,如图 1-14 所示。

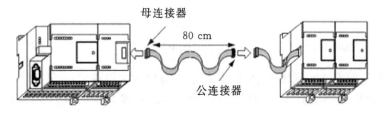

图 1-14　PLC 与扩展模块的连接

　　(7)通信端口:支持 PPI、MPI 通信协议,有自由口通信能力。用以连接编程器(手持式或 PC 机)、文本/图形显示器以及 PLC 网络等外部设备,如图 1-15 所示。

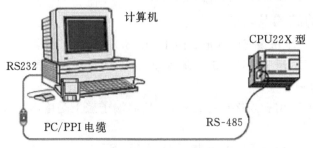

图 1-15　个人计算机与 S7-200 系列 PLC 的连接

(8)模拟电位器:用来改变特殊寄存器(SMB28、SMB29)中的数值,以改变程序运行时的参数,如定时器、计数器的预置值,过程量的控制参数等。

2. 输入/输出接线

输入/输出接口电路是PLC与被控对象间传递输入/输出信号的接口部件。各输入/输出点的通/断状态用发光二极管(LED)显示,外部接线一般接在PLC的接线端子上。

1)输入接线

CPU226的主机共有24个输入点(I0.0~I0.7、I1.0~I1.7、I2.0~I2.7)和16个输出点(Q0.0~Q0.7、Q1.0~Q1.7)。CPU226输入电路接线图如图1-16所示。系统设置1 M为输入端子I0.0~I0.7、I1.0~I1.4的公共端,2 M为I1.5~I1.7、I2.0~I2.7的公共端。

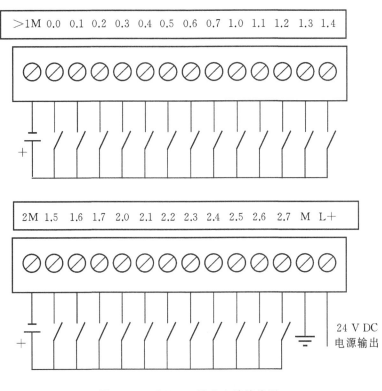

图1-16 CPU226输入电路接线图

2)输出接线

S7-200系列CPU 22X主机的输入和输出有两种类型:一种是CPU 22X AC/DC/继电器,AC表示供电为交流输入电源220 V,DC表示输入端的电源电压为直流24 V;"继电器"表示输出为继电器输出(驱动交、直流负载);另一种是CPU 22X DC/DC/DC,第一个DC表示供电电源电压为直流24 V,第二个DC表示输入端的电源电压为直流24 V,提供24 V直流给外部元件(如传感器、开关等),第三个DC表示输出端子的电源为直流24 V,场效应晶体管输出(驱动直流负载),用户可根据需要选用。

注意:在给CPU进行供电接线时,一定要特别小心分清是哪一种供电方式,如果把220 V AC接到24 V DC供电的CPU上,或者不小心接到24 V DC传感器输出电源上,都会造成CPU的损坏。

继电器输出电路接线图如图 1−17 所示。PLC 由 220 V 交流电源供电,负载采用了继电器驱动,所以既可以选用直流电源为负载供电,也可以采用交流电源为负载供电。在继电器输出电路中,数字量输出分为 3 组,每组的公共端为本组的电源供给端,Q0.0～Q0.3 共用 1L,Q0.4～Q0.7、Q1.0 共用 2L,Q1.1～Q1.7 共用 3L,各组之间可接入不同电压等级、不同电压性质的负载电源。

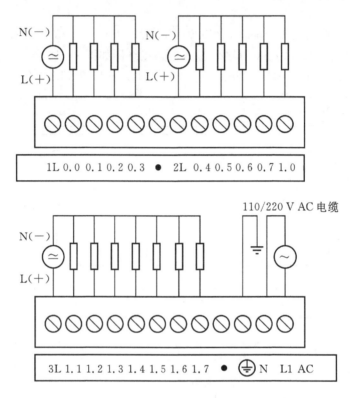

图 1−17　CPU226 的继电器输出电路接线图

晶体管输出电路接线图如图 1−18 所示。PLC 由 24 V 直流电源供电,负载采用 MOSFET功率驱动器件,所以只能用直流电源为负载供电。输出端将数字量分为两组,每组有一个公共端,共有 1L、2L 两个公共端,可接入不同电压等级的负载电源。

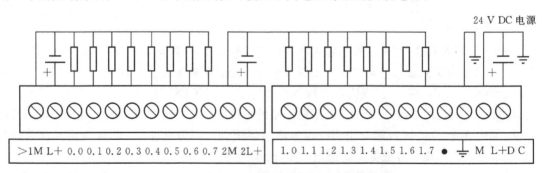

图 1−18　CPU226 的晶体管输出电路接线图

【例】有一台 S7-224CPU,控制一只 24 V DC 的电磁阀和一只 220 V AC 电磁阀,输出端应如何接线?

【解】因为两个电磁阀的线圈电压不同,而且有直流和交流两种电压,若不经过转换,只能用继电器输出的 CPU,而且两个电磁阀应分别接在两个组中,其接线如图 1-19 所示。

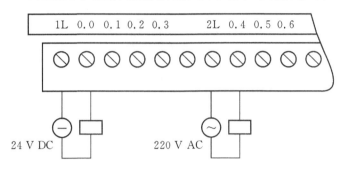

图 1-19　两个电磁阀 PLC 接线图

1.3.2　S7-200CPU 模块和扩展模块

S7-200 是一个模块化设计的系统,除了 CPU 以外,还有很多丰富的扩展模块,而且模块的扩展也非常简单方便。S7-200 的 CPU,配合各种扩展模块和各种网络支持,以及带编程软件的计算机,构成一个功能完备,性能强大稳定的自动化控制系统。

1. CPU 模块

CPU 模块结构如图 1-20 和 1-21 所示。

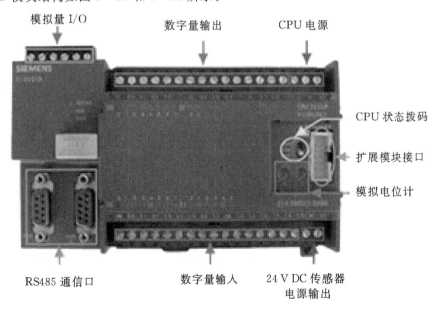

图 1-20　CPU 结构(1)

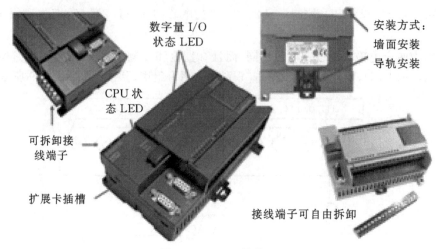

图 1-21　CPU 结构(2)

CPU 本体上主要包括了以下几个部分。

(1)CPU 状态 LED 灯:有运行、停止和故障/强制三个 LED 灯。CPU 状态拨码开关可切换 CPU 运行或停止状态。

(2)数字量输入/输出状态 LED 灯:每个数字量输入/输出点对应一个 LED 灯,用于指示该 I/O 点状态。输入/输出端子可拆卸,用于接线。

(3)CPU 电源端子:24 V DC 或 220V AC 可选。

(4)24 V DC 传感器电源:为本机输入点和扩展模块继电器线圈提供 24 V DC。如果电源要求超出了 CPU 模块 24 V DC 电源的定额,可以增加一个外部 24 V DC 电源来供给扩展模块的 24 V DC。

(5)模拟电位器:有两个。通过旋转电位计,可在 CPU 内部产生一个 0~255 的数。

(6)扩展模块接口:用于连接下一个扩展模块。

(7)RS485 通信口:用于通信。

(8)扩展卡插槽:电池模块、存储模块和时钟电池模块三选一,如图 1-22 所示。

图 1-22　扩展卡插槽

2.扩展模块

模块的扩展非常方便,每个扩展模块都带有一根扁平电缆和接头,只需要把该接头接到前一个模块的接口即可完成,如图 1-23 所示。扩展模块没有槽位限制,扩展简单可靠。

S7-200 扩展模块非常丰富,主要有数字量模块,模拟量模块,运动控制模块和通信模块等。

1)数字量模块

数字量模块分为:数字量输入模块 EM221,数字量输出模块 EM222 和数字量输入/输出模块 EM223。数字量模块有各种点数可选,如 16 点输入,8 点输出,32 输入/32 输出等,可根据实际需要选择。对于输入模块,分为 24 V DC 输入和 120/230 V AC 输入;输出模块分为晶体管输出,继电器输出和可控硅输出。在选型的时候,除了要计算数字量输入/输出的点数以

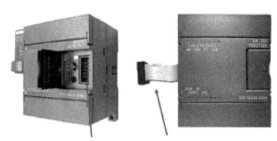

连接插槽　连接电缆与接头

图 1 - 23　模块的扩展

外,还要分清楚输入/输出的类型。

2)模拟量模块

模拟量模块分为:模拟量输入模块 EM231,模拟量输出模块 EM232,模拟量输入/输出模块 EM235,其中模拟量输入模块包含了普通模拟量模块(电流/电压),热电阻模块和热电偶模块。同数字量模块,模拟量模块有各种点数可选,如 4 点输入/2 点输出,4 点输入/1 点输出等,可根据实际需要选择。按模拟量信号类型分为电流、电压、热电阻(输入)和热电偶(输入)。在选型的时候,除了要计算模拟量输入/输出的点数以外,还要分清楚输入/输出信号类型。

3)运动控制模块

晶体管输出类型的 S7-200 CPU 集成了两路高速脉冲输出,可以做运动控制。除此以外,还可扩展专门的运动控制模块 EM253。EM253 是一个单轴的开环运动控制模块,输出最高频率达 200 kHz,支持绝对定位,相对定位,回参考点等功能,集成急停,限位,参考点开关等 I/O 点。

4)通信模块

S7-200 支持全面的网络通信,除了集成的通信接口以外,还可以扩展通信模块,如图 1 - 24 所示。

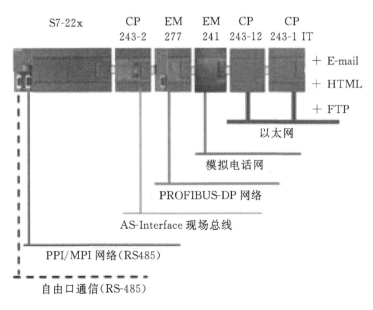

图 1 - 24　扩展通信模块

（1）Modem 模块 EM241：EM241 是一个支持 V.34 标准（33.6 K）的 10 位调制解调器，作为 S7-200 CPU 的扩展模块，EM241 必须用在模拟的音频电话系统中，可以是公共电话网，也可以是小交换机系统，但不支持数字系统如 ISDN。EM241 上设置了标准的 RJ11 电话接口，EM241 模块主要用在通过电话网对 CPU 进行远程的编程、诊断等工作；通过电话网进行 S7-200 CPU 之间的数据通信和通过电话网进行 S7-200 CPU 与上位计算机软件间的通信等。EM241 模块支持 PPI 和 Modbus RTU 从中协议。

（2）Profibus 从站模块 EM277：S7-200 CPU 可以通过扩展 EM277 Profibus-DP 从站模块连入 Profibus 网络，主站（如 S7-300/400 等）可以通过 EM277 对 S7-200 CPU 进行读/写数据。EM277 除了支持 Profibus 协议以外，同时还支持 MPI 和 PPI 协议。

（3）AS-i 主站模块 CP243-2：CP243-2 可作为 AS-i 网络主站，最多可连接 62 个从站。

（4）以太网模块 CP243-1：通过 CP243-1 模块，可以将 S7-200 系统连接到工业以太网中。CP243-1 模块只支持 S7 协议，可以与西门子 S7 控制器进行通信，也可以通过工业以太网和 STEP7-Micro/WIN 实现 S7-200 系统的远程编程、配置和诊断。在以太网通信中，CP243-1 既可以作为客户机（Client），也可以作为服务器（Server）。其中 CP243-1 IT 除了具有 CP243-1 的功能外，还支持一些 IT 功能，如 FTP（文件传送）、E-mail、HTML 网页等。

5）存储卡模块

S7-200 还提供三种类型的存储卡用于永久存储程序、数据块、系统块、数据记录（归档）、配方数据，以及一些其他文件等，这些存储卡不能用于实时存储数据，只能通过 PLC 存储卡编程的方法将程序块/数据块/系统块的初始设置存于存储卡内。存储卡分为两种，根据大小共有三个型号。

（1）32 KB 存储卡：仅用于储存和传递程序、数据块和强制值。

（2）64 KB/256 KB 存储卡：可用于新版 CPU（23 版）保存程序、数据块和强制值、配方、数据记录和其他文件（如项目文件、图片等）。

6）电池卡模块（可选择性使用）

电池卡模块为 CPU 数据保持提供电源，用于 CPU224/224 XP/226 保持数据和实时时钟数据。如果没有电池卡，内部数据掉电后靠 CPU 内部电容保持，一般能保持 50~100 h；如果选配电池卡，可以为 CPU 保持数据约 200 天。

1.3.3　CPU 及各模块参数

1. CPU 参数

表 1-2 列出了部分 CPU 参数，其中一些关键参数详述如下。

表 1 - 2　部分 CPU 参数

特性		CPU221	CPU222	CPU224	CPU224XP	CPU226
外形尺寸/mm³		90×80×62	90×80×62	120.5×80×62	140×80×62	190×80×62
程序存储器/B	可在运行模式下编辑	4064	4064	8192	12288	16348
	不可在运行模式下编辑	4064	4064	12288	16384	24576
数据存储区/B		2048	2048	8192	10240	10240
掉电保护时间/h		50	50	100	100	100
本机 I/O	模拟量	6 入/4 出	8 入/6 出	14 入/10 出	14 入/10 出	24 入/16 出
	数字量	—	—	—	2 入/1 出	—
扩展模块数量		0	2	7	7	7
高速计数器	单相	4 路 30 kHz	4 路 30 kHz	6 路 30 kHz	4 路 30 kHz/2 路 200 kHz	6 路 30 kHz
	两相	2 路 20 kHz	2 路 20 kHz	4 路 20 kHz	3 路 20 kHz/1 路 100 kHz	4 路 20 kHz
脉冲输出(DC)		2 路 20 kHz	2 路 20 kHz	2 路 20 kHz	2 路 100 kHz	2 路 20 kHz
模拟电位器		1	1	2	2	2
实时时钟		配时钟卡	配时钟卡	内置	内置	内置
通信接口		1(RS-485)	1(RS-485)	1(RS-485)	2(RS-485)	2(RS-485)
浮点数运算		有				
I/O 映像区		256(128 入/128 出)				
布尔指令执行速度		0.22 μs/指令				

　　程序存储器:是一个 ROM 存储区,程序下载到 CPU 内掉电不会丢失。当我们编写好程序编译通过后,程序的大小会在软件输出信息里显示,如图 1 - 25,实际程序的大小不能超过 CPU 的程序存储器参数。

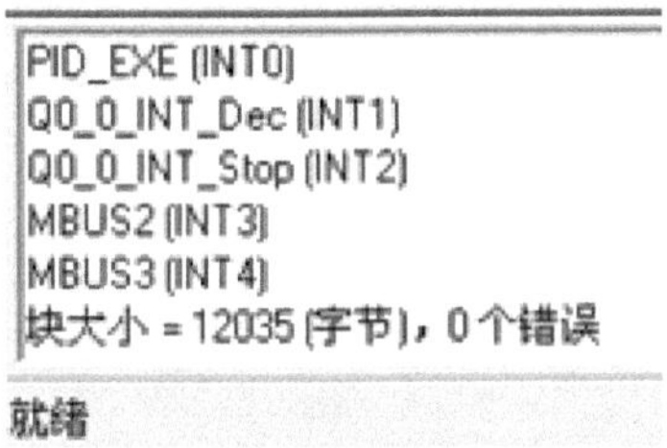

```
PID_EXE (INT0)
Q0_0_INT_Dec (INT1)
Q0_0_INT_Stop (INT2)
MBUS2 (INT3)
MBUS3 (INT4)
块大小 = 12035 [字节], 0 个错误

就绪
```

图 1 - 25　程序大小值在输出信息中显示

数据存储区:也简称 RAM 存储区,其制造工艺简单、集成度高、功耗低、价格便宜,所以适宜于存放用户程序和数据,以便于用户读出、检查和修改程序,缺点是掉电后数据易丢失。这种存储器一般用锂电池作为后备电源,以保证掉电时不会丢失信息。

掉电保持时间:对于存放在 RAM 存储区的数据,掉电后是靠 CPU 内部一个超级电容保持数据。它指明了该电容能保持数据的时间长度。

本机 I/O:CPU 本体上集成的输入/输出点数。只有 CPU224XP 有集成的模拟量输入/输出点,其他型号的 CPU 只有数字量输入/输出点。

扩展模块数量:模块的扩展不是无限制扩展的,CPU221 不能扩展模块,CPU222 只能扩展 2 个模块,其他型号 CPU 最多能扩展 7 个模块。对于模块的扩展数量,除了这个参数的限制以外,特别注意还要计算 CPU 的供电能力。表 1-3 列出了各型号 CPU 的供电能力。CPU 每带一个扩展模块,扩展模块都要消耗一些 CPU 的供电。CPU 的电源有两种,一种是 5 V DC,是 CPU 与扩展模块通信用的电源,不能外加;另一种是 24 V DC,是普通的 24 V DC 电源,可以外加一个开关电源代替。所以,在计算时,主要考虑 CPU 的 5 V DC 电流供应能力即可。

表 1-3 CPU 供电能力

CPU 型号	电流供应	
	+5 V DC	+24 V DC
CPU221	0 mA	180 mA
CPU222	340 mA	180 mA
CPU224/224XP	660 mA	280 mA
CPU226/2264XM	1000 mA	400 mA

通信接口:CPU 集成的 RS485 通信接口的数量。

I/O 映像区:数字量输入/输出,模拟量输入/输出的信号不会直接被读进 CPU 程序里,需要先经过一个过程映像区。对于 S7-200 来说,此区域的大小就是 S7-200 的最大 I/O 能力。对于数字量来说,支持最多 128 个数字量输入(DI),128 个数字量输出(DO);对于模拟量,CPU221/222 支持最多 16 个模拟量输入(AI),16 个模拟量输出(AO);CPU224 以上的型号,最多支持 32 个 AI,32 个 AO。

2. 模块参数

1)数字量输入

如表 1-4 所示,数字量输入分为 24 V DC 和 120/230 V AC 输入类型。其中 24 V DC 更常用,其输入延时也较小。

表 1-4　数字量输入参数

常规		24 V DC 输入	120/230 V AC 输入(47～63 Hz)
类型		漏型/源型(IEC 类型 1 漏型)	IEC 类型 1
额定电压		24 V DC,4 mA	120 V AC,6 mA
最大持续允许电压		30 V DC	120 V AC
浪涌电压(最大)		35 V DC,0.5 s	—
逻辑 1(最小)		15 V DC,2.5 mA	79 V AC,2.5 mA
逻辑 0(最大)		5 V DC,1 mA	20 V AC 或 1 mA AC
输入延时(最大)		4.5 ms	15 ms
接近开关传感器允许的漏电流(最大)		1 mA	1 mA AC
光电隔离		500 V AC,1 min	1500 V AC,1 min
同时接入的输入		所有的水平都在 55 ℃,所有的垂直都在 45 ℃	
电缆长度(最大)	屏蔽	500 m	500 m
	非屏蔽	300 m	300 m

2)数字量输出

数字量输出按类型分为晶体管,继电器和可控硅输出,它们各自的特性如表 1-5 所示。特别注意,如果要使用 CPU 集成的高速脉冲输出,必须选用晶体管输出类型的 CPU,因为继电器输出不能达到高的频率。

表 1-5　数字量参数

参数	晶体管	继电器	可控硅
额定电压	24 V DC	24～230 V	120/230 V AC
每点额定电流	0.75 A/5 μA	2 A/10 A	0.5 A
隔离	500 V AC,1 min	1500 V AC,1 min	1500 V AC,1 min
延时	50 μs/500 μs	10 ms/15 ms	0.2 ms+1/2AC 周期
切换频率	—	1 Hz	10 Hz
触电寿命	—	100000/300000 次	—

3)模拟量输入

由于 PLC 不能处理连续的模拟量信号,故模拟量信号需要经过模数转换为数字量信号才能被 PLC 识别。一般的模拟量输入信号有电流型(0～20 mA),电压型(0～10 V 或 0～5 V 等)。热电阻和热电偶信号,经过模数转换为 0～32000(单极性)或 −32000～+32000(双极性)的数字量信号。模拟量输入参数如表 1-6 所示。

表 1-6　模拟量输入参数

常规		6ES7 231-0HC22-0XA0 6ES7 235-0HC22-0XA0	6ES7 231-0HC22-0XA0
数字字格式	双极性,满量程	$-32000\sim+32000$	
	单极性,满量程	$0\sim+32000$	
DC 输入阻抗		$\geqslant2\ \mathrm{M\Omega}$ 电压输入, $250\ \Omega$ 电流输入	$>2\ \mathrm{M\Omega}$ 电压输入, $250\ \Omega$ 电流输入
输入滤波衰减		$-3\ \mathrm{dB},3.1\ \mathrm{kHz}$	
最大输入电压		30 V DC	
最大输入电流		32 mA	
精度	双极性	11 位,加 1 位符号位	
	单极性	12 位	
隔离		无	
输入类型		差分	差动电压,两个通道供电流选择
输入范围		电压:可选择;电流:$0\sim20$ mA	电压:通道 $0\sim7,0\sim10$ V 电流:通道 $6\sim7,0\sim20$ mA
模拟到数字 转换时间		小于 250 μs	小于 250 μs
模拟输入 阶跃响应		1.5 ms 可由 0 增至满量程	1.5 ms 可由 0 增至满量程
共模抑制		40 dB,$40\sim60$ Hz	
共模电压		信号电压加上共模电压须不大于 ±12 V	
24 V DC 电压范围		$20.4\sim28.8$ V DC	

4)模拟量输出

PLC 要输出一个模拟量信号,需要经过数模转换,把一个 $0\sim32000$ 或 $-32000\sim+32000$ 的数字量转换为实际的模拟信号。输出的信号是电流和电压可选,模拟量输出参数如表 1-7所示。

表 1－7　模拟量输出参数

		6ES7 232-0HB22-0XA0 6ES7 232-0HD22-0XA0 6ES7 235-0KD22-0XA0
常规		
隔离		无
数字字格式	电压输出	±10 V
	电流输出	0～20 mA
满量程	电压	11 位
	电流	11 位
数据字格式	电压	－32000～＋32000
	电流	0～32000
精度	电压输出	满量程的±2％
	电流输出	满量程的±2％
建立时间	电压输出	100 μs
	电流输出	2 ms
最大驱动	电压输出	电压输出给负载,负载的电阻值不能小于 5000 Ω
	电流输出	电流输出给负载,负载的电阻值不能大于 500 Ω
24 V DC 电压范围		20.4～28.8 V DC

5）Profibus 通信模块

Profibus 通信模块是 EM277,只能作 Profibus 或 MPI 的从站,也支持 PPI 协议。此模块不能代替 S7-200 集成的通信口。EM277 模块参数如表 1－8 所示。

表 1－8　EM277 模块参数

常规	6ES7 277-0AA22-0XA0
端口数	1
电气接口	RS－485
PROFIBUS DP/MPI 波特率（自动设置）	9.6、19.2、45.45、93.75、187.5 和 500 KB; 1 、1.5、3、6 和 12 MB
协议	PROFIBUS-DP 从站和 MPI 从站
电缆长度	
低于 93.7 KB	1200 m
187.5 KB	1000 m
500 KB	400 m

电缆长度	
1～1.5 MB	200 m
3～12 MB	100 m
联网能力	
站地址设置	0～99
每段最大站数	32
每个网络最大站数	126，最多99个EM277站
MPI连接	6个，2个保留

6）运动控制模块

运动控制模块EM253集成5点输入，6点输出，可以实现各种复杂定位任务，最高脉冲频率可到200 kHz。EM253模块参数如表1-9所示。

表1-9　EM253模块参数

常规	6ES7 253-1AA22-0XA0
集成的输出数	6点（4个信号）
输出类型（P0＋,P0－,P1＋,P1－）	驱动
输出类型（P0,P1,DIS,CLR）	漏型输出
隔离	500 V AC,1 min
输出时延（DIS,CLR；断开到接通/接通到断开）	30 μs；最大值
脉冲畸变（P0、P1输出，RS-422驱动程度，100 Ω外部负载；P0、P1输出，漏极开路、5 V/470 Ω外部负载）	70 ns 最大；30 ns 最大
切换频率（P0＋,P0－,P1＋,P1－,P0 和 P1）	200 kHz
电缆长度（屏蔽）	10 m

1.4　STEP 7-Micro/WIN 编程软件介绍

STEP 7-Micro/WIN 是西门子公司专为 SIMATIC S7-200 系列 PLC 研发的编程软件，它是基于 Windows 的应用软件，其功能强大，主要用于开发程序，也可用于实时监控用户程序。STEP 7-Micro/WIN 编程软件具有很强的编辑功能，熟练掌握编辑和修改用户程序的操作可以大大提高编程效率。

1.4.1　STEP 7-Micro/WIN 编程软件的操作

安装好后的 STEP 7-Micro/WIN 软件图标如图1-26所示。

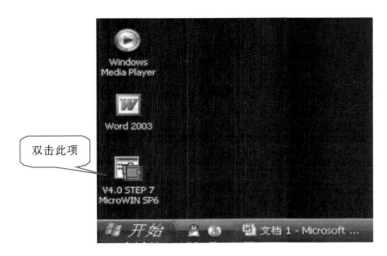

图 1-26　STEP 7-Micro/WIN 软件图标

1. 软件使用语言的变更

系统默认的安装语言是英语,当系统安装成功后,可以通过修改参数设置,将软件的界面语言更换成中文,其操作步骤如下:

(1)打开软件,在"Tools"选项中选择"Options",如图 1-27 所示。

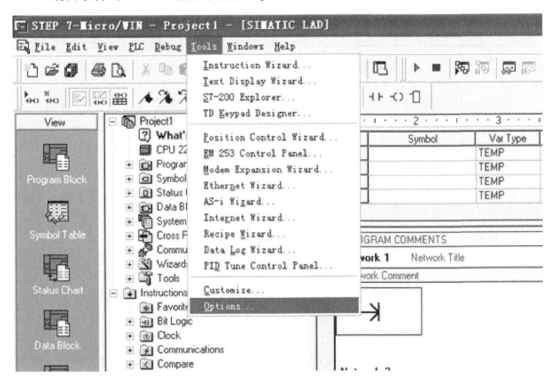

图 1-27　STEP 7 软件工具栏 Options 选项

（2）在打开的"Options"对话框中，在左侧的树状选框中选择"General"，然后在右面对应的"Languages"选项下面选择"Chinese"，然后点击"OK"，如图 1 - 28 所示，完成界面语言的变更。

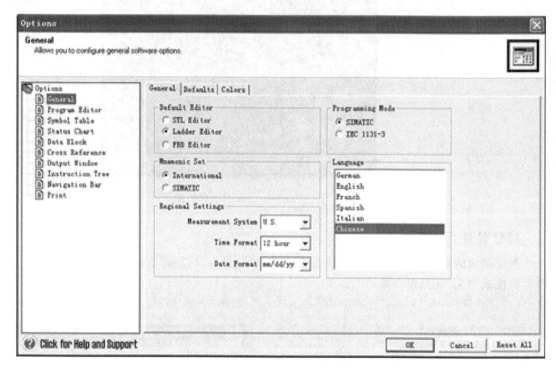

图 1 - 28　STEP 7 软件语言变更界面

（3）在弹出的对话框中，根据提示语言选择"保存现在项目"或者不保存，编程界面自动关闭，再次打开编程画面，系统进入纯中文编程界面。

2. 软件界面

软件界面由操作栏、指令树、交叉参考、数据块、状态图窗口、符号表、全局变量表窗口、输出窗口、状态条、程序编程器窗口、局部变量表、菜单条、工具条等组成。软件主界面如图 1 - 29所示。

（1）操作栏显示编程特性的按钮控制群组，包括"视图"和"工具"两个类别。在"视图"类别下可以选择"程序块""符号表""状态表""数据块""系统块""交叉引用""通信""设置 PG/PC 接口"等控制按钮。

在"工具"类别下可以选择"指令向导""文本显示向导""位置控制向导""EM 253 控制面板""调制解调器扩展向导""以态网向导""AS-i 向导""因特网向导""配方向导""数据记录向导"等控制按钮。

当操作栏包含的对象因为当前窗口大小无法显示时，操作栏显示滚动按钮，使用户能向上或向下移动至其他对象。

（2）指令树提供所有项目对象和为当前程序编辑器（LAD、FBD 或 STL）提供的所有指令的树型视图。用户可以用鼠标右键点击树中"项目"部分的文件夹，插入附加程序组织单元

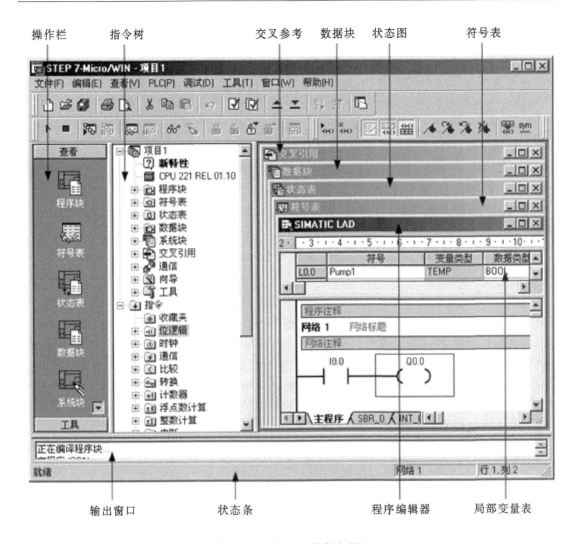

图 1-29　STEP 7 软件主界面

(POU);也可以用鼠标右键点击单个 POU,打开、删除、编辑其属性表,用密码保护或重命名子程序及中断例行程序。用户还可以用鼠标右键点击树中"指令"部分的一个文件夹或单个指令,以便隐藏整个树。

用户一旦打开指令文件夹,就可以拖放或双击指令,按照需要自动将所选指令插入程序编辑器窗口中的光标位置。用户可以将指令拖放在"偏好"文件夹中,排列经常使用的指令。

(3)交叉参考允许用户检视程序的交叉参考和组件使用信息。

(4)数据块允许用户显示和编辑数据块内容。

(5)状态图窗口允许用户将程序输入、输出或变量置入图表中,以便追踪其状态。用户可以建立多个状态图,以便从程序的不同部分检视组件。每个状态图在状态图窗口中有自己的标签。

(6)符号表/全局变量表窗口允许用户分配和编辑全局符号(即可在任何 POU 中使用的符号值,不只是建立符号的 POU)。用户可以建立多个符号表,也可在项目中增加一个 S7-200

29

系统符号预定义表。

（7）输出窗口在用户编译程序时提供信息。当输出窗口列出程序错误时,可双击错误信息,会在程序编辑器窗口中显示适当的网络。当编译程序或指令库时,提供信息;当输出窗口列出程序错误时,双击错误信息,会在程序编辑器窗口中显示适当的网络。

（8）状态条提供用户在 STEP 7-Micro/WIN 中操作时的操作状态信息。

（9）程序编辑器窗口包含用于该项目的编辑器(LAD、FBD 或 STL)的局部变量表和程序视图。如果需要,可以拖动分割条,扩展程序视图,并覆盖局部变量表。当用户在主程序一节(OB1)之外,建立子程序或中断例行程序时,标记出现在程序编辑器窗口的底部。可点击该标记,在子程序、中断和 OB1 之间移动。

（10）局部变量表包含用户对局部变量所作的赋值(即子程序和中断例行程序使用的变量)。

3. STEP 7-Micro/WIN 编程软件功能介绍

1）程序块

选择程序块后,在操作窗口中会切换到程序编辑画面。默认情况下会有一个主程序,一个子程序和一个中断程序。如图 1-30 所示,子程序和中断程序可以在图中位置点击鼠标右键进行重命名或删除,但主程序有且只有一个。主程序是一个循环执行的程序,即在主程序内的所有程序都会循环地被执行。为了更好地组织整个程序,往往会按功能把程序写到子程序里,再在其他程序里调用。某些事件如定时时间到,某个输入点的上升沿,发送数据完成等,都可以设置中断,中断产生后会暂时中止主程序或子程序的执行,进入执行中断程序,中断程序执行结束后会恢复到中断点继续执行其他用户程序。

图 1-30　程序编辑画面

如果需要为程序加密,可以右键选中该程序,选择"属性—保护"进行密码设置,密码最多可以设 4 位。

2)符号表

PLC 的地址如 I0.0、Q1.0、VD100 等对于不同的项目可能有不同的意义,我们可以在符号表内为每个地址赋予一个正确的符号名和注释,这样对于维护,阅读程序等带来很大的方便。如图 1-31 所示,符号表可以添加、删除和重命名等。某些向导完成后会自动生成一个与该功能相关的符号表。我们可以为每一个项目插入"S7-200 符号表",CPU 的系统变量地址的符号名都自动建立了。POU 符号指的是程序的符号(名字)。

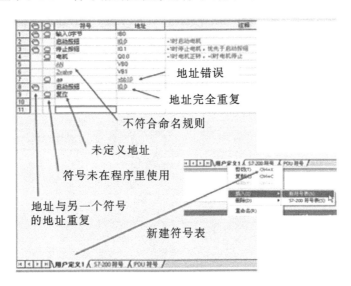

图 1-31　符号表

3)状态表

通过状态表,可以监控或修改 CPU 的变量。如图 1-32 所示,在地址处输入要监控的变

	地址	格式	当前值	新值
1	M0.0	位	2#0	
2	VW0	有符号	+0	
3	VW2	有符号	+0	
4	VW100	有符号	+44	
5	VW102	有符号	+55	
6	VW104	有符号	+44	
7	VW106	有符号	+7	+44
8	VW108	有符号	+9	
9	VW110	有符号	+88	+32
10	VW112	有符号	+765	
11	VW114	有符号	+12	
12	VW116	有符号	+4	
13	VW118	有符号	+7	+232
14	VW120	有符号	+8	
15	VW122	有符号	+99	

图 1-32　状态表监控

量地址,然后点击工具栏中的"状态表监控"按钮,即可获得该地址的当前值。在"格式"栏中可以选择监控变量的格式,如果要修改某个变量的值,可以在"新值"栏内填入需要修改的数值,然后点击工具栏中的"全部写入"按钮即可修改变量值。对于数字量输入和模拟量输入,如果要修改其值,不能使用写入的方法,需要用"强制",如图 1-33 所示,强制以后在变量当前值旁边有个小锁标志,另外 CPU 上的 SF/DIAG 灯会亮起黄色灯。要取消强制可以点击旁边的"取消强制"按钮。

	地址	格式	当前值	新值
1	I0.0	位	2#0	
2	I0.1	位	2#1	
3	I0.2	位	2#0	2#1
4	AIW0	有符号	+666	
5	AIW2	有符号	+9840	
6	Q0.0	位	2#0	
7	Q0.1	位	2#1	
8	Q0.2	位	2#0	
9	AQW0	有符号	+100	
10	AQW2	有符号	+0	
11		有符号		

图 1-33　输入变量强制

在"状态表监控"按钮旁边有个"趋势图"按钮,可以很直观地查看变量的变化趋势,如图 1-34 所示。

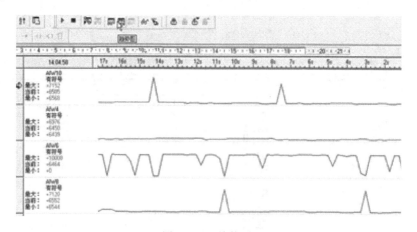

图 1-34　趋势图

4）数据块

在数据块内可以为变量定义初值。数据块内的数据下载到 CPU 中是存放在 ROM 存储区的,掉电不会丢失。数据定义的格式是"变量地址数值"。如图 1 - 35 所示为数据块,"//"后面的内容代表注释。

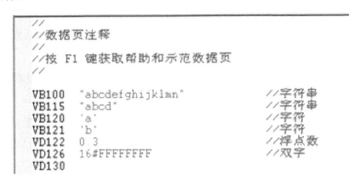

图 1 - 35　数据块

5）系统块

系统块可以设置 CPU 的属性,设置完成后需要下载到 CPU 后才会生效。

（1）通信端口,如图 1 - 36 所示,最主要的参数是该通信端口的地址和波特率。该处的 PLC 地址如果使用 PPI 网络,就是 PPI 网络的地址;如果使用 MPI 网络,就是 MPI 网络地址。波特率需要与通信对方设置成一致。

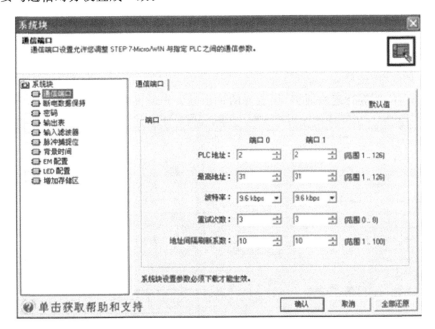

图 1 - 36　通信端口设置

（2）断电数据保持。默认情况下,CPU 可以被掉电保持的数据都被设为掉电保持的,掉电后数据仍然被保存到 RAM 存储区,通过内部电容或扩张电池卡模块供电保持。

33

（3）密码。CPU 有 4 级密码,每级密码的权限不同,注意第 4 级保护密码禁止上载程序,即便有正确的密码也不行。在没有源程序的情况下,处于第 4 级密码保护下的 CPU 也不支持程序状态监控,运行模式程序编辑和项目比较。其他功能处于和第 3 级密码相同的保护状态。

（4）输出表。当 CPU 由运行状态切换到停止状态时,数字量和模拟量输出的结果可以在此处设置。

（5）输入滤波。可以设置数字量和模拟量输入的滤波。注意 CPU224XP 集成的两路模拟量输入无须设置滤波,温度模块占用的模拟量输入通道也无须设置滤波。

（6）脉冲捕捉位。对于某些输入信号持续时间很短,在 CPU 扫描周期内不能被捕捉到,此时可以使能脉冲捕捉功能。此功能只对 CPU 集成的数字量输入点有效。

（7）背景时间。背景通信时间规定用于“运行模式编程”和程序,数据监控的 Micro/WIN 和 CPU 的通信时间占整个程序扫描周期的百分比。增加这个时间可以增加监控的通信机会,在 Micro/WIN 中的响应会感觉快一些,但是同时会加长程序扫描时间。建议按默认值设置。

（8）EM 配置。此处显示项目中的智能模块。

（9）LED 配置。此处设置 CPU 上的 SF/DIAG 灯,当发生强制或模块 I/O 错误时,可选择是否点亮该 LED 灯。

（10）增加存储区,一般修改/下载程序时,CPU 需要停机,可以在这里设置“运行模式编辑”,让 CPU 允许在运行状态下编辑程序,前提是要牺牲一些程序存储空间。禁止该模式,程序存储空间不会被占用,所以存储空间会增加。

6）交叉引用

在程序编译通过后,可以打开交叉引用查看各变量使用信息,可以查看某个地址在哪里,用了什么指令操作等信息。在调试过程需要经常利用交叉引用查看各地址的使用情况。

7）设置 PG/PC 接口

电脑与 CPU 要进行连接通信,很重要的一步是要先设置电脑编程接口,如图 1-37 所示。

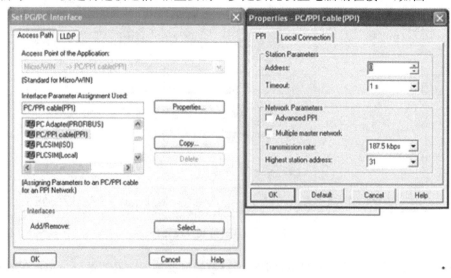

图 1-37　设置 PG/PC 接口

如果我们使用的是 PC/PPI 编程电缆,需要在此处设置接口为"PC/PPI cable(PPI)",在属性(Properties)里设置地址、通信速率和本地连接(USB/COM)等信息。如果我们用的是以太网,此处就应该设置为以太网卡,如果用的是 CP5512 卡,此处就应设为 CP5512(PPI)等。我们使用什么编程工具,此处就应设置为该编程工具的方式。

8)通信

设置 PG/PC 接口后,可以打开通信,点击"双击刷新",如果通信正常,会自动找到连接的 CPU,如图 1-38 所示,接下来就可以开始编程了。

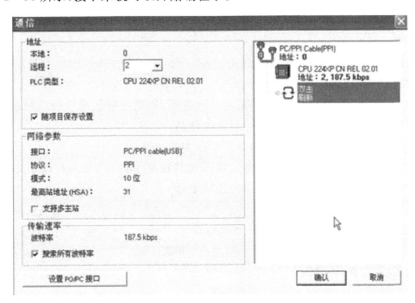

图 1-38　通信

9)常用工具图标

工具栏提供了一种快速的操作方式,我们可以从软件菜单的"查看—工具栏"里选择显示或隐藏相应的工具图标。下面给出常用的工具图标的说明。

(1)工具图标一(见图 1-39)。

新建:新建一个项目。

打开:打开一个现有项目。

保存:保存当前项目,默认的保存路径是:软件安装目录\STEP 7-Mirco/WIN V4.0\Projects。

(2)工具图标二(见图 1-40)。

编译:检查程序的错误,计算程序的大小等。错误/警告信息,程序大小等信息会在信息输出窗口显示。

全部编译:检查程序块,数据块和系统块的错误。

上传:把 CPU 内程序上传到电脑软件中。

下载:把电脑软件的程序下载到 CPU 中。

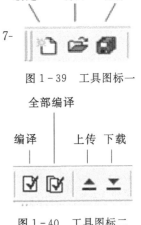

图 1-39　工具图标一

图 1-40　工具图标二

（3）工具图标三（见图1-41）。

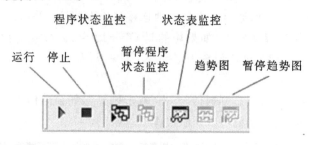

图1-41 工具图标三

运行：通过软件把CPU状态置为运行——RUN。

停止：通过软件把CPU状态置为停止——STOP。

程序状态监控：监控程序运行状况，蓝色表示能流，即指令被正确执行或触点接通等；红色表示指令执行出错，灰色表示指令没被执行或非激活。

暂停程序状态监控：停止程序监控，返回程序编辑状态。

状态表监控：打开状态表并不意味着自动开始监控变了状态，必须开启状态表监控，才能采集信息。开启后，状态表内的变量会进行连续更新。

趋势图：打开变量趋势图。

趋势图暂停键：暂停数据采集，便于分析趋势图。

（4）工具图标（见图1-42）。

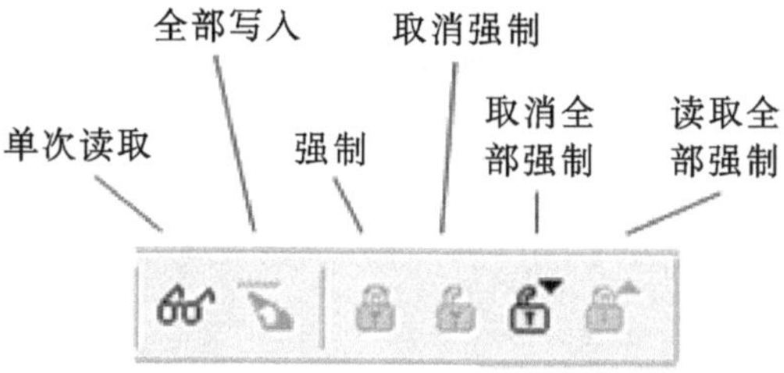

单次读取：打开状态表，没有开启状态表监控，可以选择单次读取，对状态表内变量进行一次更新。

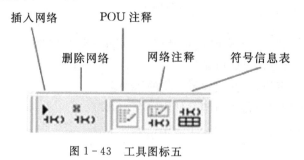

图1-42 工具图标四

全部写入：对状态表中的"新值"列的改动完成后，可以使用"全部写入"将所需的改动传送至CPU。

强制：可以一次强制16个（V、M、AI或AQ）地址和所有的I/O位（所有的I和Q位地址）。

取消强制：取消某个地址的强制。

取消全部强制：取消全部地址的强制。

读取全部强制：使状态表的"当前值"给已经被强制的所有地址显示一个强制图标。

（5）工具图标五（见图1-43）。

图1-43 工具图标五

插入网络:为组织清晰,程序按网络(程序段)划分。软件默认主程序里有 25 个网络;子程序和中断程序各有 10 个网络。需要时,可以使用"插入网络"工具图标插入网络。

删除网络:选中某个网络后,按此按钮删除该网络。

POU 注释:切换程序注释的显示和隐藏。

网络注释:切换网络注释的显示和隐藏。

符号信息表:切换符号信息表的显示和隐藏。

POU 注释、网络注释、符号信息表这些注释信息如图 1-44 所示。

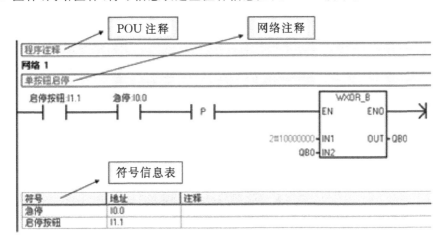

图 1-44　注释信息

(6)工具图标六(见图 1-45)。

插入书签:当程序写得很长,调试起来不方便,此时在待调试的网络中插入书签,可以快速定位到该程序段。

下一个书签:快速定位到下一个书签。

上一个书签:快速定位到上一个书签。

清除全部书签:清除全部书签。

(7)工具图标七(见图 1-46)。

连线:梯形图编程的连线操作,把母线能流引到各个指令。

触点:显示触点类型的指令供选择。

线圈:显示线圈类型的指令供选择。

指令盒:显示指令盒类型指令供选择。

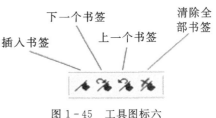

图 1-45　工具图标六

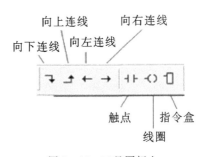

图 1-46　工具图标七

1.4.2　STEP 7-Micro/WIN 编程软件的编程操作

（1）重新打开编程软件，然后新建一个工程文件并保存，如图1-47和1-48所示。

图1-47　新建一个工程文件

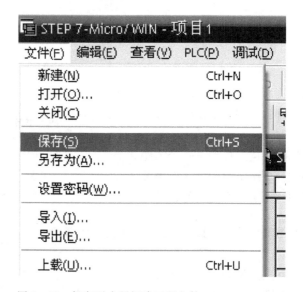

图1-48　保存刚才所新建工程文件

(2)依据所编制的 PLC 的 I/O 地址表建立一个符号表,如图 1-49 和 1-50 所示。

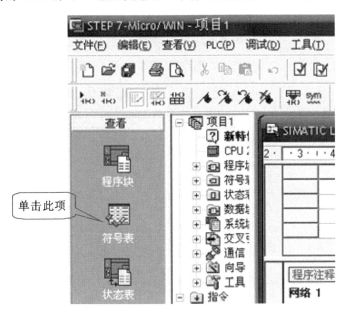

图 1-49 进入符号表编写模式

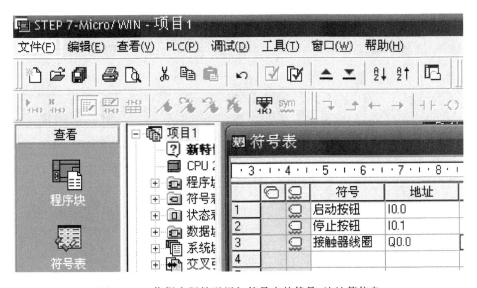

图 1-50 依据实际情况添加符号表的符号、地址等信息

（3）依据控制要求，编写梯形图程序，如图 1-51 和 1-52 所示。

图 1-51　进行程序编写模式

图 1-52　输入梯形图并添加必要注释

（4）编译并调试程序直到编译通过,如图 1 - 53 和 1 - 54 所示。

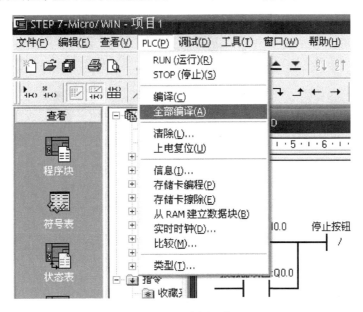

图 1 - 53　编译程序

图 1 - 54　显示编译结果

（5）设置通信参数，如图 1 - 55、1 - 56 和 1 - 57 所示。

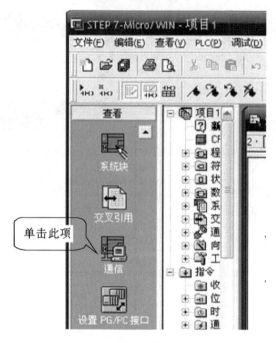

图 1 - 55　设置通信参数（1）

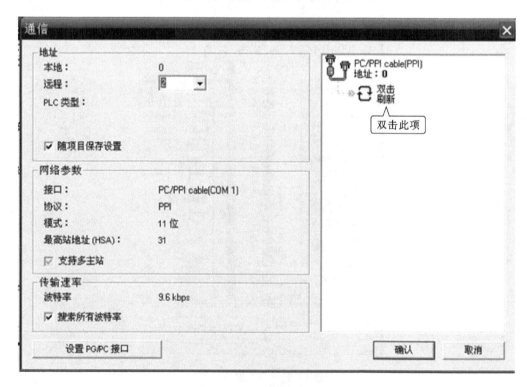

图 1 - 56　设置通信参数（2）

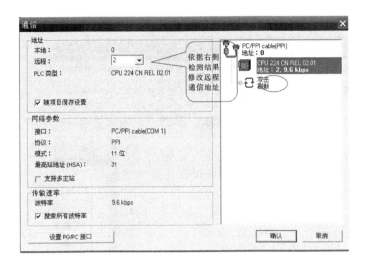

图 1-57　设置通信参数(3)

(6)依据实际情况选择 PLC 的类型,如图 1-58 和 1-59 所示。

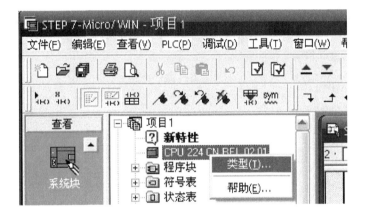

图 1-58　选择 PLC 类型(1)

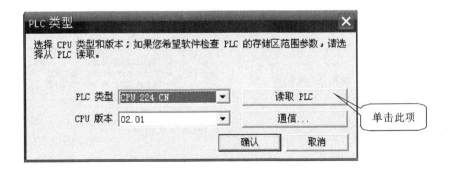

图 1-59　选择 PLC 类型(2)

(7)把程序下载到 PLC 中,如图 1-60、1-61、1-62、1-63 所示。

图 1-60　进入程序下载界面

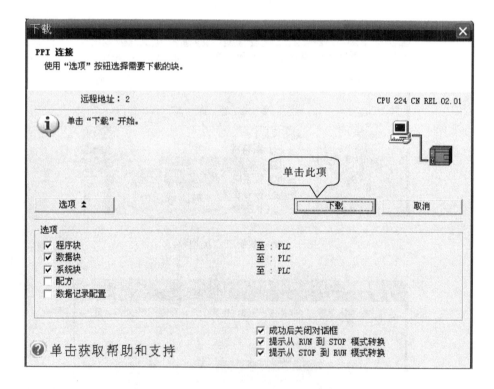

图 1-61　下载程序

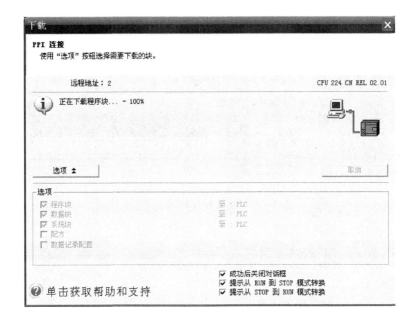

图 1－62 正在下载程序

图 1－63 下载成功

（8）对程序的监控，如图 1-64 至 1-71 所示。

图 1-64　进入程序状态监控模式

图 1-65　程序状态监控模式

图 1-66　建立状态表(1)

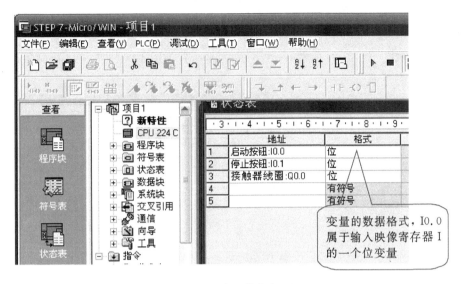

图 1-67　建立状态表(2)

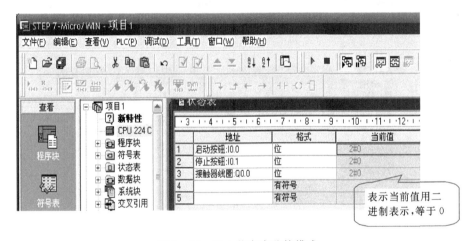

图 1-68　进入状态表监控模式

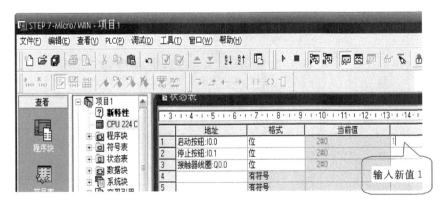

图 1-69　强制一个值

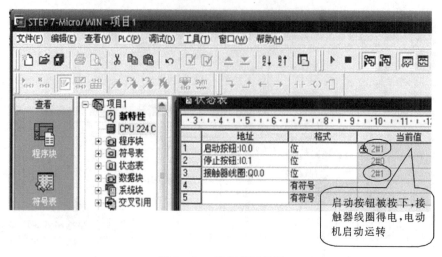

图 1-70　强制值后效果

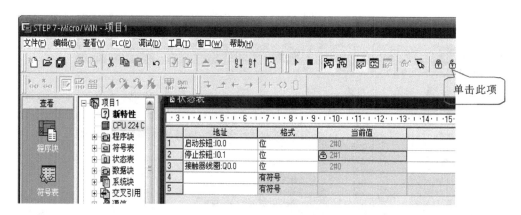

图 1-71　解除一个强制操作

(9)运行程序,如图 1-72、1-73、1-74 所示。

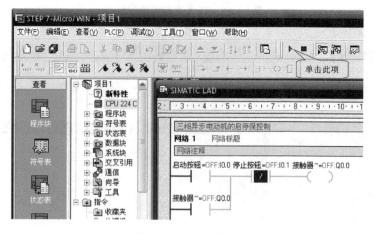

图 1-72　运行程序

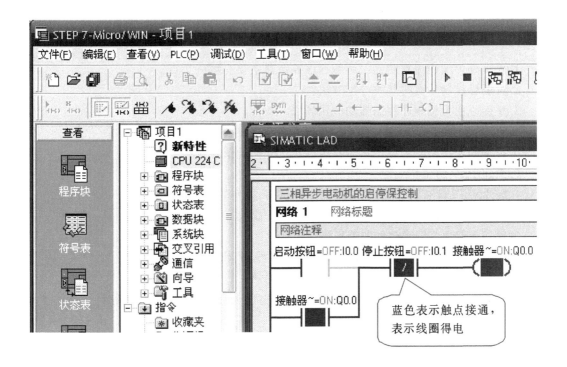

图 1 - 73　按下启动按钮

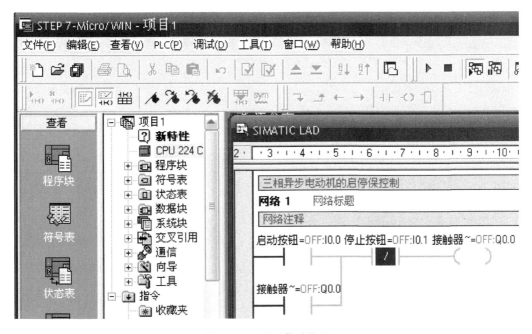

图 1 - 74　按下停动按钮

至此,编程操作结束。

习题与思考题

1. 什么是可编程序控制器？可编程序控制器主要有哪些特点？

2. 可编程控制器有哪几种分类方法？

3. 举例说明可编程序控制器的应用场合。

4. PLC 的硬件由哪几部分组成的？简述每部分的作用是什么？

5. 可编程序控制器与继电接触器控制相比有何优缺点？

6. 简述 PLC 的工作原理。

7. S7-200 PLC 有哪些输出方式？各适应什么类型的负载？

8. 如何设置 STEP 7-Micro/WIN 编程软件的语言环境？

9. 简述 STEP 7 编程软件的编程操作步骤。

10. STEP 7-Micro/Win32 编辑软件的触点、线圈、指令盒的快捷键是什么？

11. 怎样将用户程序下载到 S7-200 的 PLC 中？

12. 如果程序无法下载到 PLC 中，显示通信错误，如何进行通信设置修改？

第 2 章　S7-200 的指令系统

2.1　编程基础知识

2.1.1　PLC 编程语言与程序结构

1. PLC 的编程语言

PLC 有多种程序设计语言,包括梯形图、语句表、功能块图、顺序功能流程图等。S7-200 系列 PLC 使用的 STEP 7-Micro/WIN 编程软件可使用梯形图、语句表、功能块图编程语言,本书主要介绍梯形图设计方法。

梯形图沿袭了继电器控制电路的形式,它是在电器控制系统中常用的继电器、接触器逻辑控制基础上简化了符号演变来的,具有形象、直观、实用等特点。LAD 梯形图指令有触点、线圈和指令盒 3 个基本形式。

1)触点

触点代表输入条件,如外部开关、按钮及内部条件等。触点有常开触点和常闭触点,用户程序中,常开触点、常闭触点可以使用无数次。当触点状态为 1 时,对应的常开触点闭合,常闭触点断开。常开触点和存储器位的状态一致,常闭触点对存储器的状态取反。

2)线圈

线圈表示输出结果,即 CPU 对存储器的赋值操作。线圈左侧接点组成的逻辑运算结果为 1 时,"能流"可以达到线圈,使线圈得电动作,存储器的位置为 1;逻辑运算结果为 0 时,线圈不通电,存储器的位置为 0。PLC 采用循环扫描的工作方式,所以在用户程序中,每个线圈只能使用一次。

触点和线圈的基本符号如图 2-1 所示,图中 I0.0、I0.1、Q0.0 分别代表指定的操作数的存储器的地址。CPU 运行扫描到触点符号时,到触点操作数指定的存储器位访问,读取该存储器位的状态值。

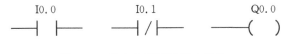

图 2-1　触点和线圈的基本符号

3)指令盒

指令盒代表一些较复杂的功能,如定时器、计数器或数学运算指令等,定时器指令盒如图 2-2 所示。图中 T32 代表定时器号,PT 左侧数值代表设定值的大小,当"能流"通过指令块时,执行定时器指令块所代表的功能。

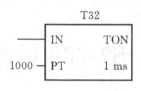

图 2-2　定时器指令盒

梯形图的设计应注意以下几点。

(1)梯形图中每个梯级流过的不是物理电流,而是"概念电流",从左流向右,其两端没有电源。这个"概念电流"只是形象地描述用户程序执行中应满足线圈接通的条件。

(2)梯形图按从左到右、从上到下的顺序排列。每一逻辑行总是起于左母线,然后是触点的连接,最后终止于线圈或右母线(右母线可以不画出)。这仅仅是一般原则,S7-200 系列 PLC 的左母线与线圈之间一定要有触点,而线圈与右母线之间则不能有任何触点。梯形图中的触点可以任意串联或并联,但继电器线圈只能并联而不能串联。

(3)输入继电器用于接收外部输入信号,而不能由 PLC 内部其他继电器的触点来驱动。因此,梯形图中只出现输入继电器的触点,而不出现其线圈。输出继电器输出程序执行结果给外部输出设备,当梯形图中的输出继电器线圈得电时,就有信号输出,但不是直接驱动输出设备,而要通过输出接口的继电器、晶体管或晶闸管才能实现。输出继电器的触点可供内部编程使用。

(4)触点的使用次数不受限制,例如,辅助继电器 M0.0 可以在梯形图中出现无限制的次数,而实物继电器的触点一般少于 8 对,只能用有限次。

(5)通常情况下,梯形图中同一线圈只允许出现一次。如果在程序中,同一线圈使用了两次或多次,称为"双线圈输出"。对于"双线圈输出",有些 PLC 将其视为语法错误;有些 PLC 则将前面的输出视为无效,只有最后一次输出有效(如西门子 PLC)。

(6)无论选用哪种机型的 PLC,所用元件的编号必须在该机型的有效范围内。例如S7-200 系列的 PLC 的辅助继电器默认状态下没有 M100.0,若使用就会出错,而 S7-300 则有 M100.0。

(7)有几个串联电路相并联时,应将串联触点多的回路放在上方,归纳为"多上少下"的原则,在有几个并联电路相串联时,应将并联触点多的回路放在左方,归纳为"多左少右"原则,这样所编制的程序简洁明了,语句较少。

(8)PLC 的输入端所连的电器元件通常使用常开触点,即使与 PLC 对应的继电器—接触器系统原来使用的是常闭触点,改为 PLC 控制时也应转换为常开触点。

2. S7-200 的程序结构

S7-200 系列 PLC 的 CPU 控制程序由主程序、子程序和中断程序组成。

1)主程序

主程序是程序的主体,每一个项目都必须且只能有一个主程序。在主程序中可以调用子程序和中断程序。主程序通过指令控制整个应用程序的执行,每个扫描周期都要执行一次主程序。因为各个程序都存放在独立的程序块中,各程序结束时不需要加入无条件结束指令或无条件返回指令。

2）子程序

子程序仅在被其他程序调用时执行。同一个子程序可以在不同的地方被多次调用。使用子程序可以简化程序代码和减少扫描时间。

3）中断程序

中断程序用来及时处理与用户程序的执行时序无关的操作,或者不能事先预测何时发生的中断事件。中断程序不是由用户程序调用,而是在中断事件发生时由操作系统调用。中断程序是用户编写的。

2.1.2　数制

数制,即数的制式,是人们利用符号计数的一种方法。数制有很多种,常用的有十进制、二进制和十六进制。在 S7 系列 PLC 中表示二进制常数时,需要在数据之前加 2♯;表示十六进制时,需要在数据之前加 16♯;对于十进制常数的表示只需要正常书写即可。

1. 十进制

数码:0 1 2 3 4 5 6 7 8 9 共 10 个

基数:10

计数规则:逢十进一

日常生活中人们习惯用十进制计数制,但是对于计算机硬件电路,只有"通/断"或电平的"高/低"两种状态,为便于对数字信号的识别与计算,通常采用二进制。

2. 二进制

数码:0 1 共 2 个

基数:2

计数规则:逢二进一

对于 S7 系列 PLC,在数据前加 2♯ 表示该数据为二进制数,例如 2♯1101110,其十进制数为 110(利用按权展开相加法,$2♯1101110=1×2^6+1×2^5+1×2^3+1×2^2+1×2^1=110$)

二进制数较大时,书写和阅读均不方便,通常将四位二进制数合并为一位,用十六进制表示。

3. 十六进制

数码:0 1 2 3 4 5 6 7 8 9 A B C D E F 共 16 个

基数:16

计数规则:逢十六进一

对于 S7 系列 PLC,在该数据前加 16♯ 表示该数据为十六进制数,如十六进制数 16♯6E,其值为十进制数 110(利用按权展开相加法,$16♯6E=6×16^1+14×16^0=110$)

4. 位,字节,字与双字

位,字节,字和双字都是指内存空间的单位。一个字节(BYTE)的内存空间包含了 8 个二进制数位(BIT);一个字(WORD)包含了 16 个二进制数位;一个双字(DWORD)包含了 32 个二进制数位,即一个字包含了两个字节;一个双字包含了两个字,四个字节。

如:2♯111001 在一个字节的内存空间里面的存放顺序是 0011 1001;在一个字空间里的

存放顺序是 0000 0000 0011 1001；在一个双字空间里面的存放顺序是 0000 0000 0000 0000 0000 0000 0011 1001。所以，对于一个字节，它存放的数的范围是从 16#00 到 16#FF，即 10#0 到 10#255。同理，一个字的范围是 16#0000 到 16#FFFF，即 10#0 到 10#65535；一个双字的范围是 16#00000000 到 16#FFFFFFFF，即 10#0 到 10#4294967295。

5. 原码、反码和补码

一个负数如何用二进制表达？在计算机中，负数以其正值的补码形式表达。

原码：一个整数，按照绝对值大小转换成的二进制数，称为原码。

反码：将二进制数按位取反，所得的新二进制数称为原二进制数的反码。

补码：反码加 1。

如一个整数 -5，原码为 2#0000 0000 0000 0101，其反码为 2#1111 1111 1111 1010，补码为 2#1111 1111 1111 1011。

所以，整数 -5 在 PLC 内存里的表示方式就是 2#1111 1111 1111 1011。

6. 整数和浮点数

对于二进制或十六进制数，我们常用在逻辑运算里面。常用的数的表示方式还是十进制。在 S7-200 里有两种类型：整数和浮点数（REAL）。其中整数又分为无符号整数（BYTE/WORD/DWORD）和有符号整数（INT/DINT）。对于一个有符号的数，最高位是符号位，最高位是 0 代表正数，最高位是 1 代表负数。所以一个数是否带符号，影响了该数的取值范围，数据大小范围见表 2-1。

表 2-1 数据大小范围

数制	字节/B	字/W	双字/D
无符号整数	0 到 255 0 到 FF	0 到 65,365 0 到 FFFF	0 到 4,294,967,295 0 到 FFFF FFFF
符号整数	-128 到 $+127$ 80 到 7F	$-32,768$ 到 $+32,767$ 8000 到 7FFF	$-2,147,483,648 + 2,147,483,647$ 8000 0000 到 7FFF FFFF
实数	—	—	$+1.174495E-38$ 到 $+3.402823E+38$（正数） $-1.174495E-38$ 到 $-3.402823E+38$（负数）

S7-200 的浮点数由 32 位单精度数表示，其格式符合 ANSI/IEEE 754—1985 标准中所描述的形式。它由一位符号位，8 位指数位和 23 位尾数表示。注意：单精度浮点数最多有 7 位十进制有效位，超出部分会自动四舍五入。例如 100000.56 会变成 100000.6；10000000.3 会变成 10000000.0。

7. BCD 码

BCD 意为二进制编码的十进制数。BCD 是一种编码方式，是以二进制数对十进制数字的编码，并因为 16 进制的优势，一般用十六进制数表示。例如：10#39 用 BCD 码表示就是 16#39（2#0011 1001）。BCD 码数值必须用 16 进制查看才能得到正确结果。

BCD 编码往往在使用 BCD 编码开关输入数据时用到；S7-200 中读出的时钟日期数据也是以 BCD 编码表示。

2.2　S7-200 系列 PLC 的内存结构和寻址

2.2.1　内存结构

PLC 的内存分为程序存储区和数据存储区两大部分。程序存储区用于存放用户程序,由机器自动按顺序存储程序,用户不必为哪条程序存放在哪个地址而费心。数据存储区用于存放输入/输出状态及各种中间运算数据,是用户实现各种控制任务所必须掌握的内部资源。

S7-200 系列 PLC 的数据存储区按存储器存储数据的长短可划分为字节存储器、字存储器和双字存储器三类。S7-200 系列 PLC 具有 7 个字节存储器,它们分别是输入映像寄存器 I、输出映像寄存器 Q、变量存储器 V、内部位存储器 M、特殊存储器 SM、顺序控制状态寄存器 S 和局部变量存储器 L;该 PLC 具有 4 个字存储器,它们分别是定时器 T、计数器 C、模拟量输入寄存器 AI 和模拟量输出寄存器 AQ;该 PLC 具有 2 个双字存储器,它们分别为累加器 AC 和高速计数器 HC。

1)输入映像寄存器 I

输入映像寄存器 I 是 PLC 用来接收用户设备发来的控制信号的接口,工程技术人员常将其称为输入继电器,每一个输入继电器线圈都与相应的 PLC 输入端相连(如 I0.0 的线圈与 PLC 的输入端子 0.0 相连),当控制信号接通时,输入继电器线圈得电,对应的输入映像寄存器 I 的 I0.0 位为"1"态;当控制信号断开时,输入继电器的线圈失电,对应输入映像寄存器 I 的 I0.0 位为"0"态。输入接线端子可以接常开触点或常闭触点,也可以接多个触点的串并联。

2)输出映像寄存器 Q

输出映像寄存器 Q 是 PLC 用来将输出信号传送到负载的接口,常称为输出继电器,每一个输出继电器都有无数对常开和闭合触点供编程时使用。除此之外,还有一对常开触点与相应的 PLC 输出端相连(如输出继电器 Q0.0 有一对常开触点与 PLC 的输出端子 0.0 相连,这也是 S7-200 系列 PLC 内部继电器输出型中唯一可见的物理器件),用于驱动负载。输出继电器线圈的通/断状态只能在程序内部用指令驱动。

以上介绍的两种软继电器都是和用户有联系的,因而又称为 PLC 与外部联系的窗口。下面介绍的是与外部设备没有联系的内部继电器,它们既不能用来接收外部的用户信号,也不能用来驱动外部负载,只能用于编制程序,即线圈和触点都只能出现在梯形图中。

3)变量存储器 V

变量存储器 V 主要用于模拟量控制、数据运算、设置参数等,它既可以用来存放程序执行过程中控制逻辑的中间结果,也可以用来保存与工序或任务有关的其他数据。

4)内部位存储器 M

PLC 中备有许多内部位存储器 M,常称为辅助继电器。其作用相当于继电器控制电路中的中间继电器。辅助继电器线圈的通/断状态只能在程序内部用指令驱动,每个辅助继电器都有无数对常开触点和常闭触点供编程使用;但这些触点不能直接输出驱动外部负载,只能用于在程序内部完成逻辑关系或在程序中驱动输出继电器的线圈,再用输出继电器的触点驱动外部负载。

5）特殊存储器 SM

PLC 中还备有若干特殊存储器 SM。特殊存储器位提供大量的状态和控制功能，用来在 CPU 和用户程序之间交换信息。特殊存储器能用位、字节、字或双字来存取，其位存取的编号范围为 SM0.0～SM179.7。特殊存储器的工作时序如图 2-3 所示。

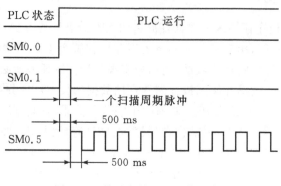

图 2-3　特殊存储器的工作时序

SM0.0：运行监视，状态始终为"1"。当 PLC 在运行时可以利用其触点驱动输出继电器，在外部显示程序是否处于运行状态。

SM0.1：初始化脉冲。每当 PLC 的程序开始运行时，SM0.1 线圈接通一个扫描周期随即失电，因此 SM0.1 的触点常用于调用初始化程序等。

SM0.4、SM0.5：时钟脉冲。当 PLC 处于运行状态时，SM0.4 产生周期为 1 min 的时钟脉冲，SM0.5 产生周期为 1 s 的时钟脉冲。若将时钟脉冲信号送入计数器作为计数信号，可起到定时器的作用。

6）顺序控制状态寄存器 S

顺序控制状态寄存器 S 是使用步进控制指令编程时的重要状态元件，通常与步进指令一起使用以实现顺序功能流程图的编程。

7）局部变量存储器 L

S7-200 有 64 个字节的局部变量存储器 L，其中 60 个可以作为暂时存储器或用于给子程序传递参数。如果用梯形图或功能块图编程，STEP 7-Micro/WIN 保留这些局部存储器的后 4 个字节；如果用语句表编程，则可以寻址所有 64 个字节，但不要使用局部变量存储器的最后 4 个字节。

8）定时器 T

PLC 所提供的定时器 T 的作用相当于时间继电器。每个定时器可提供无数对常开和常闭触点供编程使用，其设定时间由程序赋予。

9）计数器 C

计数器 C 用于累计其计数输入端接收到的由断开到接通的脉冲个数。计数器可提供无数对常开和常闭触点供编程使用，其设定值由程序赋予。

10）模拟量输入寄存器 AI/输出寄存器 AQ

模拟量输入信号需经 A/D 转换后送入 PLC，而 CPU 的输出信号需经 D/A 转换后送出，即在 CPU 外为模拟量，在 CPU 内为数字量。在 CPU 内的数字量字长为 16 位，即两个字节，因此其地址均以偶数表示,如 AIW0、AIW2…;AQW0、AQW2…。模拟量输入寄存器 AI 为只读存储器;模拟量输出寄存器 AQ 为只写存储器,用户不能读取模拟量输出。

11)累加器 AC

累加器 AC 是用来暂存数据的寄存器,可以用来存放运算数据、中间数据和结果。是可以像存储器那样使用的读/写单元。

12)高速计数器 HC

一般计数器的计数频率受扫描周期的影响,不能太高。而高速计数器 HC 可用来统计比 CPU 的扫描速度更快的事件。高速计数器的编号范围根据 CPU 的型号有所不同,如 CPU221/222 各有 4 个高速计数器,其编号为 HC0、HC3、HC4、HC5;CPU224/226 各有 6 个高速计数器,其编号为 HC0～HC5。

2.2.2　寻址

凡 S7-200 中能够访问的数据都有地址,地址是访问所有数据的依据,访问数据的过程就是寻址。存储器的数据存储方式如图 2-4 所示,数据的最小单位是位,8 个位组成一个字节,存储器里的起始字节称为“字节 0”,接下来是“字节 1”,以此类推;在一个字节里,8 个位的编号从低位到高位也是从 0 开始的。所以,如果我们要找出 V 存储器里的第 4 个字节的第 5 个位,其寻址方式就是 V3.4,V3.4 就是该位的地址。如果要找出 V 存储器里第 2 个字节,其寻址方式就是 VB1,其中 B 是指字节 BYTE。一个存储器地址,由“该存储器标识+地址类型+地址编号”组成。

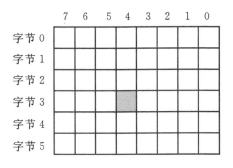

图 2-4　数据存储方式

S7-200 的寻址方式非常灵活,寻址方式可按位寻址(x. x),按字节寻址(B),按字寻址(W)和按双字寻址(D)。

各种类型的存储器有不同的寻址方式。如图 2-4 所示,如果要访问 V 存储器的字节 3,地址是 VB3;用字寻址方式访问 M 存储器字节 4 和字节 5,地址是 MW4;用双字方式访问 L 存储器的字节 0～3,地址是 LD0。

在对字和双字寻址时,为了存储器不互相覆盖,要养成良好习惯,要时刻记住一个字包含了 2 个字节,一个双字包含 2 个字或 4 个字节。如 VD100 里包含了 VW100 和 VW102,其中 VW100 又包含了 VB100 和 VB101,VW102 包含了 VB102 和 VB103。所以,在对字的寻址,地址编号应该是 2 的倍数,如 VW2,VW4 等;对双字寻址,地址编号应该是 4 的倍数,如 VD0,VD4,VD8 等,这样能保证地址不会相互覆盖。

2.3 位逻辑指令

2.3.1 基本位逻辑指令

1.逻辑取(装载指令)LD(Load)、取反指令 LDN 及线圈驱动指令＝(Out)

逻辑取及线圈输出指令如表 2-2 所示。

表 2-2 逻辑取及线圈输出指令表

符号(名称)	功能	电路表示	操作元件
LD(取)	常开触点与起始母线的连接	—┤ ├—	I、Q、V、M、SM、S、T、C、L
LDN(取反)	常闭触点与起始母线的连接	—┤ / ├—	I、Q、V、M、SM、S、T、C、L
＝(输出)	输出驱动各类继电器的线圈	—( )	Q、V、M、SM、S、T、C、L

说明：

(1)LD(Load)：取指令。

(2)LDN(Load Not)：取反指令。

(3)＝(Out)：线圈驱动指令,用于驱动各类继电器的线圈。

指令的使用方法如图 2-5 所示。

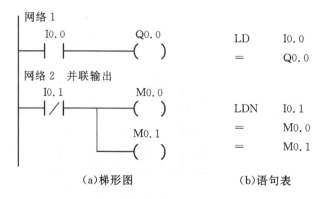

(a)梯形图　　　　　(b)语句表

图 2-5 逻辑取及线圈输出指令的使用

说明：

(1)LD 装载指令,每一个以常开触点开始的逻辑行(或电路块)均使用这一指令,可以用于 I、Q、V、M、SM、S、T、C、L。

(2)LDN 指令,每一个以常闭触点开始的逻辑行(或电路块)均使用这一指令,可以用于 I、Q、V、M、SM、S、T、C、L。

(3)LD 与 LDN 指令对应的触点一般与左侧母线相连,若与后述的 ALD、OLD 指令组合,则可用于串、并联电路块的起始触点。

(4)"＝",是驱动线圈的输出指令,可以用于 Q、V、M、SM、S、T、C、L。

(5)线圈驱动指令可并行多次输出(即并行输出)。

(6)输入继电器 I 不能使用"＝"指令。

2. 触点串、并联指令(A(And)/AN(And Not)/O(Or)/ON(Or Not))

触点串、并联指令如表 2-3 所示。

表 2-3 触点串、并联指令表

符号(名称)	功能	电路表示	操作元件
A(与)	常开触点与前面的触点 (或电路块)串联连接		I、Q、V、M、SM、S、T、C、L
AN(与非)	常闭触点与前面的触点 (或电路块)串联连接		I、Q、V、M、SM、S、T、C、L
O(或)	常开触点与前面的触点 (或电路块)串联连接		I、Q、V、M、SM、S、T、C、L
ON(或非)	常闭触点与前面的触点 (或电路块)串联连接		I、Q、V、M、SM、S、T、C、L

A、AN 指令的使用方法如图 2-6 所示。

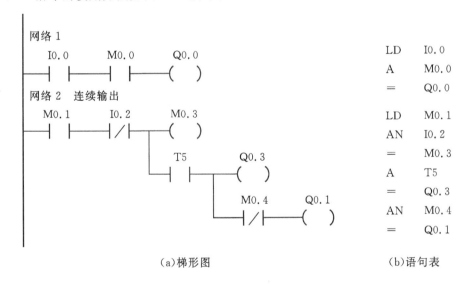

(a)梯形图   (b)语句表

图 2-6 触点串联指令的使用

O、ON 指令的使用方法如图 2-7 所示。

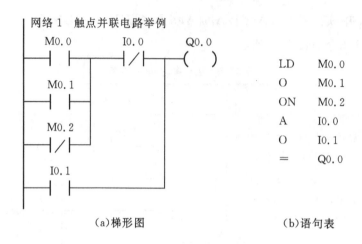

（a）梯形图 （b）语句表

图 2-7 触点并联指令的使用

说明：

（1）A 和 AN 指令用于单个触点与前面的触点（或电路块）的串联（此时不能用 LD、LDN 指令），串联触点的次数不限，即该指令可多次重复使用。

（2）O、ON 是用于将单个触点与上面的触点（或电路块）并联连接的指令。

（3）O 和 ON 指令引起的并联是从 O 和 ON 一直并联到前面最近的母线上，并联的数量不受限制。

3. 取反指令 NOT

取反触点将它左边电路的逻辑运算结果取反，运算结果若为 1 则变为 0，为 0 则变为 1，该指令没有操作数。取反指令表如表 2-4 所示。

表 2-4 取反指令表

符号（名称）	功能	电路表示	操作元件
NOT（取反）	逻辑运算结果取反	——┤ ├————┤NOT├——	无

取反指令的使用方法如图 2-8 所示。

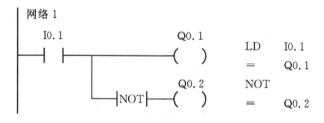

图 2-8 取反指令的使用

4. 电路块操作指令 ALD、OLD

ALD 和 OLD 指令用于电路块的操作,所以也把这两条指令称为块操作指令,其指令如表 2-5 所示。

表 2-5 ALD/OLD 指令表

符号(名称)	功能	电路表示	操作元件
ALD(电路块与)	并联电路块的串联连接		无
OLD(电路块或)	串联电路块的并联连接		无

ALD 指令的使用方法如图 2-9 所示,OLD 指令的使用方法如图 2-10 所示。

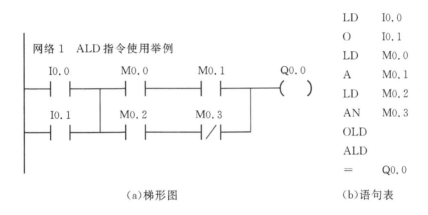

(a)梯形图 (b)语句表

```
LD    I0.0
O     I0.1
LD    M0.0
A     M0.1
LD    M0.2
AN    M0.3
OLD
ALD
=     Q0.0
```

图 2-9 ALD 块与指令的使用

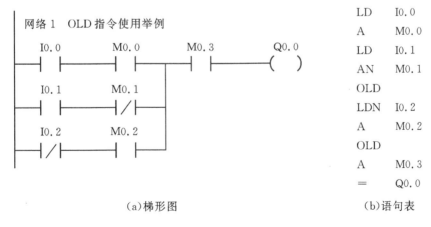

(a)梯形图 (b)语句表

```
LD    I0.0
A     M0.0
LD    I0.1
AN    M0.1
OLD
LDN   I0.2
A     M0.2
OLD
A     M0.3
=     Q0.0
```

图 2-10 OLD 块或指令的使用

说明：

（1）ALD指令，"并联电路块"始端用LD或LDN指令（使用LD或LDN指令后生成一条新母线），完成并联电路组块后使用ALD指令将"并联电路块"与前面电路串联连接（使用ALD指令后新母线自动终结）；如果多个"并联电路块"以ALD指令与前面电路串联连接，则ALD的使用次数可以不受限制。

（2）OLD指令，在支路起点用LD或LDN指令，在支路终点用OLD指令；如果将多个"串联电路块"并联连接，则并联连接的电路块的个数不受限制。

5. 堆栈操作指令

S7-200系列PLC采用模拟栈的结构，用于保存逻辑运算结果及断点的地址，称为逻辑堆栈（Stack）。S7-200CN系列PLC使用一个9层堆栈来处理所有逻辑操作。堆栈是一组能够存储和取出数据的暂存单元，其特点是"先进后出"。每一次进行入栈操作，新值放入栈顶，栈底值丢失；每一次进行出栈操作，栈顶值出栈，第2级堆栈内容上升到栈顶，栈底自动生成随机数。堆栈指令表如表2-6所示。

表 2-6 堆栈指令表

符号（名称）	功能	电路表示	操作元件
逻辑入栈 （Logic Push，LPS）	把栈顶值复制后压入堆栈	LPS ——[ ]——[ ]——(Q0.1)	无
逻辑读栈 （Logic Read，LRD）	读取堆栈内容	LRD ——[ ]——[ ]——(Q0.2)	无
逻辑出栈 （Logic Pop，LPP）	把堆栈弹出一级	LPP ——[ ]——[ ]——(Q0.3)	无

堆栈操作指令用于处理线路的分支点。在编制控制程序时，经常遇到多个分支电路同时受一个或一组触点控制的情况，如图2-11所示，若采用前述指令不容易编写程序，用堆栈操作指令则可方便地将图2-11所示梯形图转换为语句表。

说明：

（1）逻辑堆栈指令可以嵌套使用，最多为9层。

（2）为保证程序地址指针不发生错误，入栈指令LPS和出栈指令LPP必须成对使用，最后一次读栈操作应使用出栈指令LPP。

（3）堆栈指令没有操作数。

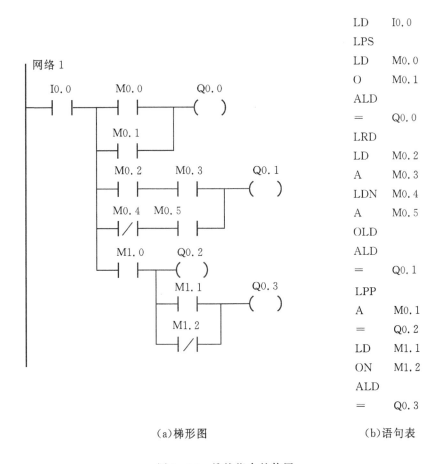

	LD　　I0.0
	LPS
	LD　　M0.0
	O　　 M0.1
	ALD
	=　　 Q0.0
	LRD
	LD　　M0.2
	A　　 M0.3
	LDN　M0.4
	A　　 M0.5
	OLD
	ALD
	=　　 Q0.1
	LPP
	A　　 M0.1
	=　　 Q0.2
	LD　　M1.1
	ON　　M1.2
	ALD
	=　　 Q0.3

(a)梯形图　　　　　　　　(b)语句表

图 2－11　堆栈指令的使用

2.3.2　置位与复位指令

置位复位指令如表 2－7 所示,置位复位指令的使用如图 2－12 所示。

表 2－7　置位与复位指令表

符号(名称)	功能	电路表示	操作元件
S(Set,置位)	从 bit 或 OUT 指定的地址参数开始的 N 个点都被置位,并保持	Bit —(S) N	I、Q、M、SM、V、S、T、C、L
R(Reset,复位)	从 bit 或 OUT 指定的地址参数开始的 N 个点都被复位,并保持	Bit —(R) N	I、Q、M、SM、V、S、T、C、L

置位复位指令的使用如图 2－12 所示。

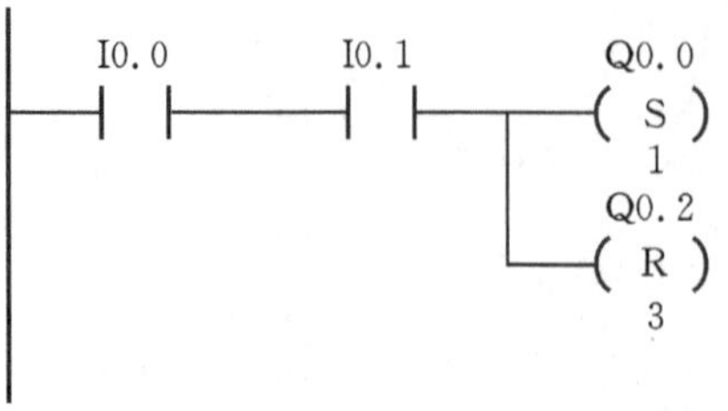

```
    I0.0      I0.1        Q0.0        LD    I0.0
 ┤ ├        ┤ ├         ( S )       A     I0.1
                          1          S     Q0.0,1    //将 Q0.0 开始的 1 个
                         Q0.2                        触点置 1
                         ( R )       R     Q0.2,3    //将 Q0.2 开始的 3 个
                          3                          触点置 0
```

图 2-12　置位复位指令的使用

说明：

(1)对同一元件(同一寄存器的位)可以多次使用 S/R 指令(与"="指令不同)。

(2)由于是扫描工作方式,当置位、复位指令同时有效时,写在后面的指令具有优先权。

(3)操作数 N 为：VB、IB、QB、MB、SMB、SB、LB、AC、常量、＊VD、＊AC、＊LD。取值范围为：0~255。数据类型为：字节。

(4)操作数 S-bit 为：Q、M、SM、T、C、V、S、L。数据类型为布尔型。

(5)置位复位指令通常成对使用,也可以单独使用或与指令盒配合使用。

2.3.3　正/负跳变指令

正/负跳变指令的助记符分别为 EU(Edge Up,上升沿)和 ED(Edge Down,下降沿),它们没有操作数,触点符号中间的"P"和"N"分别表示正跳变(Positive Transition)和负跳变(Negative Transition)。正跳变触点检测到一次正跳变(触点的输入信号由 0 变为 1 即上升沿脉冲)时,或负跳变触点检测到一次负跳变(触点的输入信号由 1 变为 0 即下降沿脉冲)时,触点接通一个扫描周期。EU/ED 指令格式及功能见表 2-8,其应用举例及时序分析如图 2-13 所示。

表 2-8　正/负跳变输出指令表

符号(名称)	功能	电路表示	操作元件
EU(上升沿脉冲)	上升沿微分输出	┤ P ├	无
ED(下降沿脉冲)	下降沿微分输出	┤ N ├	无

2.3.4　RS 触发器指令

RS 触发器具有置位与复位的双重功能。置位优先触发器 SR 是一个置位优先的锁存器,如果置位信号(S1)和复位信号(R)同时为真时,输出为真。复位优先触发器 RS 是一个复位优先的锁存器,如果置位信号(S)和复位信号(R1)同时为真时,输出为假。RS 触发器指令格式及功能如表 2-9 所示,指令真值表如表 2-10 所示,RS 触发指令应用梯形图及时序图如图 2-14 所示。

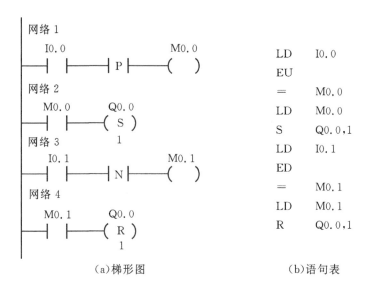

（a）梯形图　　　　　　　（b）语句表

图 2-13　正负跳变指令的使用

表 2-9　RS 触发器输出指令表

符号(名称)	功能	电路表示	操作元件
SR(置位优先触发器)	当置位信号(S1)为真时,输出为真	Bit S1 OUT SR R	Q,M,V,S
RS(复位优先触发器)	当复位信号(R1)为真时,输出为假	Bit S OUT RS R1	Q,M,V,S

表 2-10　RS 触发器指令真值表

指令	S1	R	OUT(Bit)	指令	S1	R	OUT(Bit)
置位优先指令 (SR)	0	0	保持前一状态	复位优先指令 (RS)	0	0	保持前一状态
	0	1	0		0	1	0
	1	0	1		1	0	1
	1	1	1		1	1	0

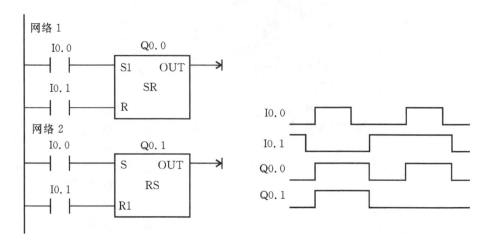

图 2-14　RS 触发指令应用梯形图及时序图

2.3.5　空操作指令

空操作指令只起增加程序容量的作用。当使能输入有效时,执行空操作指令将稍微延长扫描周期长度,不影响用户程序的执行,不会使能流断开。空操作梯形图指令格式如图 2-15 所示。

图 2-15　空操作梯形图指令格式

说明:

NOP 指令操作数 N=0～255,为执行该操作指令的次数。

位逻辑指令的应用举例请参见第二篇中的 5.2。

2.4　定时器与计数器指令

定时计数器是 PLC 中最重要的资源之一,在 PLC 基本指令应用中占有重要地位。PLC 定时计数器的编程可广泛应用于工业环境中对时间和计数有控制要求的场合。

S7-200 系列 PLC 有 256 个定时计数器,其定时器的定时时间和计数器的计数个数可以在编程时设定,也可以在运动过程中根据需要进行修改,使用方便灵活。

2.4.1　定时器指令

1.定时器指令介绍

S7-200 系列 PLC 的定时器按照工作方式可分为接通延时定时器 TON、断开延时定时器 TOF 和保持型接通延时定时器 TONR 三种类型。使用定时器时,不管是哪种类型的定时器,定时器号不能重复。定时器按时基可分为 1 ms、10 ms 和 100 ms 三种,定时器分类表如表 2-11 所示。

表 2-11　定时器分类表

定时器类型	分辨率/ms	设置范围	最大值/s	定时器号码
	1	0~32767	32.767	T0,T64
TONR	10	0~32767	327.67	T1~T4,T65~T68
	100	0~32767	3276.7	T5~T31,T69~T95
	1	0~32767	32.767	T32,T96
TON、TOF	10	0~32767	327.67	T33~T36,T97~T100
	100	0~32767	3276.7	T37~T63,T101~T255

1)接通延时定时器(TON)

接通延时定时器(TON)梯形图如图 2-16 所示。

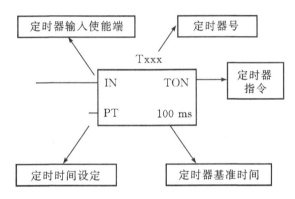

图 2-16　TON 定时器梯形图

其中,定时器号:定时器的编号为(0~255),也就是说总共有 256 个定时器可以使用,定时时间=设定值×基准时间(时间间隔或时间分辨率)。

TON 指令使能端(IN)输入有效时(接通),定时器开始计时,当前值递增,当前值大于或等于预置值(PT)时,输出状态位置 1,当前值的最大值为 32767。使能端输入无效(断开)时,当前值为 0,定时器复位。TON 定时器使用举例如图 2-17 所示。

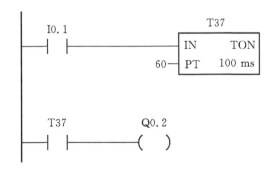

图 2-17　TON 定时器使用举例

此例中,定时器号是 T37,因此定时器为 100 ms 的定时器。定时器预设值为 60,即定时时间为:60×100 ms＝6 s;初始时,I0.1 断开,定时器当前值为 0。当 I0.1 接通,则定时器开始计时,当前值到达 60 后,定时器常开点接通。到达预设值后若 I0.1 还是接通,则定时器继续计时,直到当前值到达 32767。在定时过程中,只要 I0.1 断开,则定时器当前值清 0,触点断开。

2)保持型接通延时定时器(TONR)

保持型接通延时定时器(TONR)有记忆功能,用于累计多个时间间隔,其梯形图如图 2-18 所示。

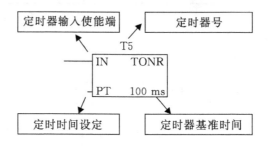

图 2-18　TONR 定时器梯形图

TONR 和 TON 相比,具有以下几个不同之处:

(1)当输入 IN 接通时,TONR 将以上次的保持值作为当前值开始继续往上累计时间,直到 TONR 的当前值等于设定值,计时器动作;

(2)当输入 IN 断开时,TONR 定时器状态位和当前值保持不变;

(3)只能用复位指令 R 对其进行复位操作。

TONR 复位后,定时器位为 OFF,当前值为 0。图 2-19 为有记忆接通延时定时器 TONR 使用举例。

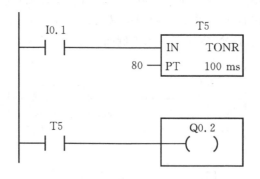

图 2-19　保持型接通延时定时器 TONR 使用举例

TONR 指令在启用输入端使能后,开始计时。当前值到达 80 后,触点接通。到达预设值后若 I0.1 还是接通,则定时器继续计时,直到当前值到达 32767。在计时过程中 I0.1 断开,则定时器保持当前值不变。

若要使保持型接通延时定时器复位清 0,则需用复位指令,如图 2-20 所示。

图 2-20　保持型接通延时定时器 TONR 的复位

3)断开延时定时器(TOF)

断开延时定时器 TOF,常用于设定停机后的延时,以及故障后的时间延时,其梯形图如图 2-21 所示。

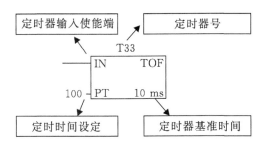

图 2-21　TOF 定时器梯形图

断开延时定时器 TOF 中,当使能输入端 IN 为"1"时,定时器线圈立即接通得电,即常开触点闭合,常闭触点断开,并把当前值设为 0;当输入端(IN)断开时,定时器线圈并不是立即失电,需要经过一段延时才能失电。当定时器 TOF 的当前值等于定时器的预置 PT 时,定时器位状态才为 OFF。图 2-22 为断开延时定时器 TOF 使用举例。

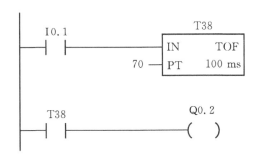

图 2-22　断开延时定时器 TOF 使用举例

当输入信号 I0.1 使能后,定时器触点 T38 立刻接通,当前值被清 0,并保持此状态。当输入信号 I0.1 由接通→断开时,定时器开始计时,当前值到达设定值,定时器触点断开,当前值停止计时。若在定时器计时过程中,输入信号 I0.1 接通,则定时器仍保持接通状态,当前值清 0。

2. 定时器的典型应用

1）延时启动程序

延时启动电路如图 2-23 所示，按下按钮 I0.0，马达 Q0.0 延时 6 s 后启动，按下停止按钮 I0.1，马达立即停止。

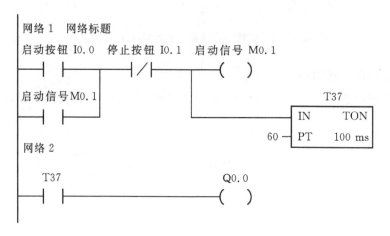

图 2-23　延时启动电路

注：程序中定时器不是直接由 I0.0 来定时，因为当按下启动按钮 I0.0 时，定时器可以计时，但是一旦按钮松开，定时器就会清 0，停止计时，这样就不能启动马达了。

2）延时断开程序

如图 2-24 所示，当 I0.0 接通时，Q0.0 接通并保持，当 I0.0 断开后，经 4 s 延时后，Q0.0 断开，T37 同时被复位。

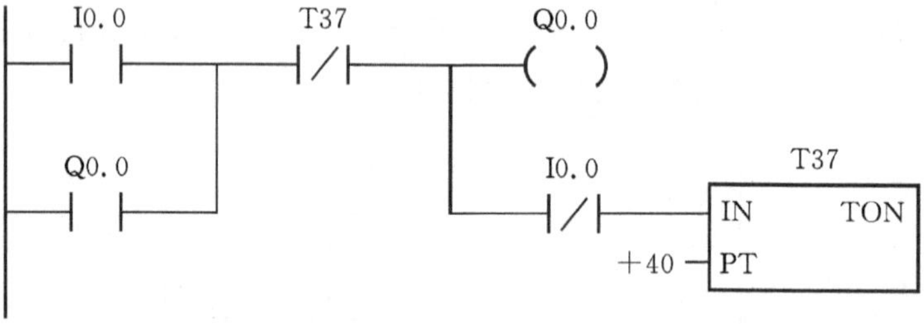

图 2-24　延时断开电路

3）脉冲信号发生器

使用定时器本身的常闭触点作定时器的使能输入。定时器的状态位为 1 时，依靠本身常闭触点的断开使定时器复位，并重新开始定时，进行循环工作，产生每隔 1 s 的脉冲信号，脉冲信号产生电路如图 2-25 所示。

4）闪烁电路

将图 2-25 所示的脉冲信号产生电路进行拓展，即可产生闪烁电路，如图 2-26 所示。按下启动按钮 I0.0，启动信号 M0.1 自锁，指示灯 Q0.0 将以两秒亮两秒灭的频率循环闪烁；按下停止按钮 I0.1，M0.1 断开，指示灯 Q0.0 灭，停止闪烁。

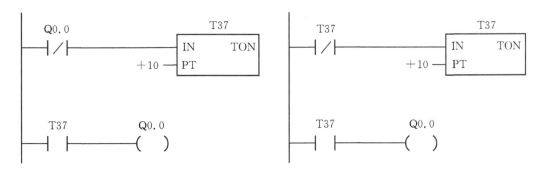

图 2-25　脉冲信号产生电路

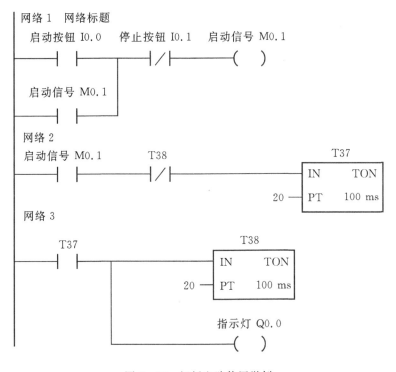

图 2-26　闪烁电路使用举例

2.4.2　计数器指令

1. 计数器指令介绍

计数器是累计其输入端的计数脉冲的次数,当计数器达到预置值时,计数器发生动作,以完成计数控制任务。S7-200 CPU 提供了 256 个内部计数器,计数器号范围为 C(0~255)。计数器共分为以下三种类型:加计数器(CTU)、减计数器(CTD)、加/减计数器(CTUD)。计数器指令见表 2-12。

表 2-12　计数器指令

形式	指令名称		
	加计数器(CTU)	减计数器(CTD)	加/减计数器(CTUD)
梯形图符号	C××× CU　CTU R PV	C××× CD　CTD LD PV	C××× CU　CTUD CD R PV
格式	CTU C×××,PV	CTD C×××,PV	CTUD C×××,PV

计数器有两个相关的变量：

当前值：计数器累计计数的当前值，计数最大值为 32767。

计数器位：当计数器的当前值等于或大于设定值时，计数器位被置为"1"。

1)加计数器 CTU

加计数是通过获取计数输入信号的上升沿进行加法计数的计数方法。计数输入信号 CU 端每出现一次上升沿，计数器从"0"开始加"1"，当计数达到设定值(PV)时，计数器的输出触点接通，计数达到设定值。如果 CU 端仍有上升沿到来时，计数器仍计数，但不影响计数器的状态位。计数器具有复位输入端 R，当复位端(R)置位时，计数器被复位，即当前值清零，输出状态位也强制清零。初始时最好用 SM0.1 复位计数器，复位后计数器当前值为 0。加计数器梯形图符号如图 2-27 所示。

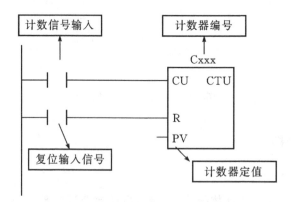

图 2-27　加计数器梯形图符号

加计数器指令使用举例如图 2-28 所示。

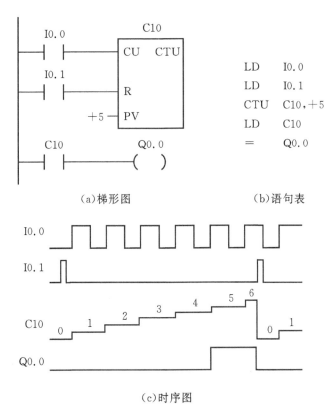

（a）梯形图　　　　　　（b）语句表

（c）时序图

图 2-28　加计数器指令使用举例

2）减计数器 CTD

减计数是通过获取计数输入信号的上升沿进行减法计数的计数方法。计数输入信号每出现一次上升沿，计数器从设定值开始减"1"，当现行计数值减到"0"时，计数器的输出触点接通。计数值为"0"后如果继续输入计数信号，计数值保持"0"，输出触点保持接通状态。减计数器具有装载输入端 LD，当 LD 端置位时，设定值被写入并作为现行计数值。初始时最好用 SM0.1 装载复位计数器，复位后计数器当前值＝设定值。减计数器梯形图符号如图 2-29 所示。

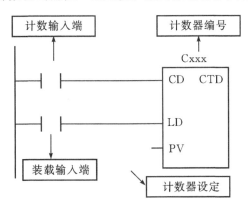

图 2-29　减计数器梯形图符号

减计数器指令使用举例如图 2 - 30 所示。

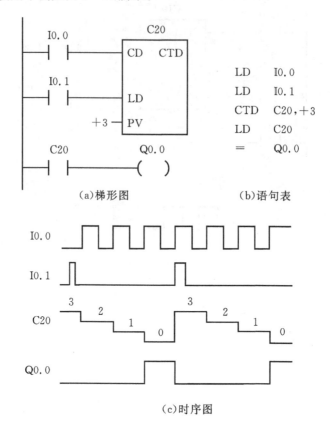

（a）梯形图　　　　　（b）语句表

（c）时序图

图 2 - 30　减计数器指令使用举例

3）加/减计数器（CTUD）

加/减计数器（CTUD）具有加计数与减计数两个输入端，通过获取对应计数输入信号的上升沿，进行加法、减法计数。

当加计数输入 CU 端每出现一次上升沿时，作加计数，当计数达到设定值（PV）时，计数器的输出触点接通。计数达到设定值如果继续输入计数信号，计数值仍然增加，输出触点保持接通状态；当加到 32767 后，如果再输入加计数信号，现行值变为 －32768，再继续进行加计数。同时，减计数输入信号也起作用，减计数输入 CD 端每出现一次上升沿，计数器从现行值开始减"1"。当现行值减到最小值 －32768 后，如果再输入减计数信号，现行值变为 ＋32767，再继续进行减计数。加/减计数器具有复位信号（R），当复位信号为"1"时，计数器复位，触点断开，计数器清 0。加/减计数器梯形图符号如图 2 - 31 所示。

加/减计数器指令使用举例如图 2 - 32 所示。

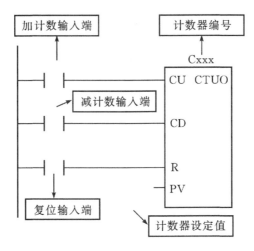

图 2-31　加/减计数器梯形图符号

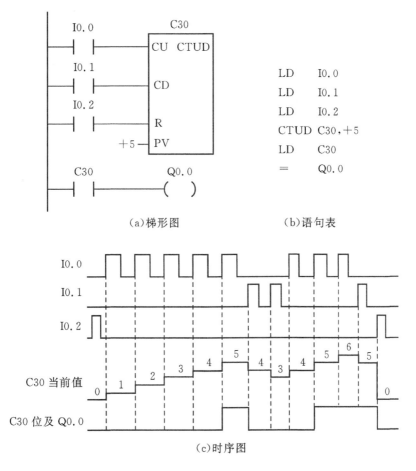

（a）梯形图　　　　　　（b）语句表

```
LD      I0.0
LD      I0.1
LD      I0.2
CTUD    C30,+5
LD      C30
=       Q0.0
```

（c）时序图

图 2-32　加/减计数器指令使用举例

2. 计数器的典型应用

1)按钮的计数控制

如图 2-33 所示为按钮控制 PLC 外部接线图,要求按下 SB1 按钮 10 次,EL 亮;按下按钮 SB2,EL 灭,其梯形图实现程序如图 2-34 所示。

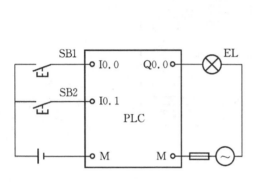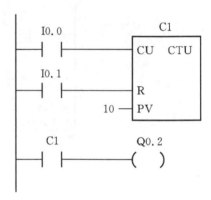

图 2-33　按钮控制 PLC 外部接线图　　　图 2-34　按钮控制的梯形图程序

2)计数器的扩展

一个计数器最大计数值为 32767。在实际应用中,如果计数范围超过该值,就需要对计数器的计数范围进行扩展。例如,对于图 2-33,现要求按下 SB1 按钮 40000 次,EL 亮;按下按钮 SB2,EL 灭,计数器扩展的梯形图程序如图 2-35 和 2-36 所示。

方法一:

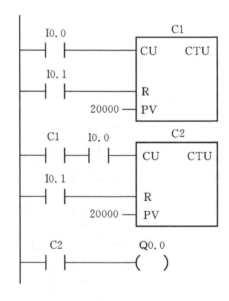

图 2-35　计数器扩展的梯形图程序(1)

方法二：

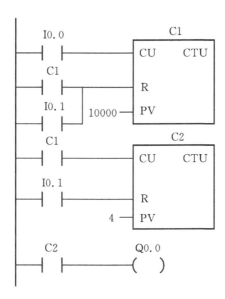

图 2 - 36　计数器扩展的梯形图程序(2)

3)计数器的定时功能

由于 PLC 的定时器和计数器都有一定的定时范围和计数范围。如果需要的设定值超过机器范围,我们可以通过计数器或计数器与定时器的组合来实现长时间的定时。

一台电机 M1,要求按下 I0.0 启动按钮 100 min 后,电机自行启动,按下停止按钮I0.1后电机停止。程序设计如图 2 - 37 和图 2 - 38 所示。

方法一:通过计数器与时钟脉冲的组合实现。

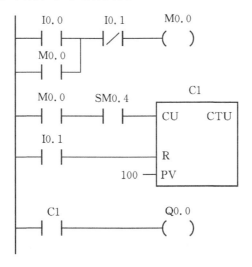

图 2 - 37　单个计数器的定时控制程序

方法二:通过计数器与定时器的串联组合实现。

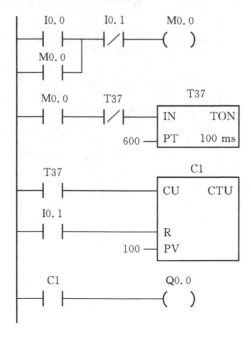

图 2 - 38　计数器与定时器串联组合的定时控制程序

定时器与计数器指令的应用举例请参见第二篇应用篇 5.3。

2.5　PLC 的数据处理指令

工业生产现场有许多数据需要进行参数设定、采集、分析和处理,利用 PLC 的数据处理指令可以优化程序结构,拓展系统功能,方便地实现生产过程的数据处理控制。数据处理指令主要包括数据传送、数据比较、数据移位、数据运算等。

2.5.1　数据传送指令

数据传送指令主要作用是将常数或某存储器中的数据传送到另一存储器中。它包括单一数据传送和成组数据传送(块传送)两大类。传送指令可用于存储单元的清零、数据准备及初始化等场合。

1. 单一数据传送指令 MOV

单一数据传送指令是指将输入的数据 IN 传送到输出 OUT,在传送的过程中不改变数据的原始值。根据传送数据的类型,MOV 可分为字节传送 MOVB、字传送 MOVW、双字传送 MOVD 和实数传送 MOVR。单一数据传送指令的格式及功能如表 2 - 13 所示。

表 2-13　单一数据传送指令的格式及功能

LAD	MOV_B EN　ENO IN　OUT	MOV_W EN　ENO IN　OUT	MOV_DW EN　ENO IN　OUT	MOV_R EN　ENO IN　OUT
STL	MOVB IN,OUT	MOVW IN,OUT	MOVD IN,OUT	MOVR IN,OUT
操作数及数据类型	IN：VB, IB, QB, MB, SB,SMB,LB,AC,常量 OUT：VB,IB,QB,MB, SB,SMB,LB,AC	IN：VW, IW, QW, MW, SW, SMW, LW, T,C,AIW,常量,AC OUT：VW, T, C, IW, QW, SW, MW, SMW, LW,AC,AQW	IN：VD, ID, QD, MD, SD,SMD,LD,HC,AC, 常量 OUT： VD, ID, QD, MD,SD,SMD,LD,AC	IN：VD, ID, QD, MD, SD, SMD, LD, AC, 常量 OUT： VD, ID, QD, MD,SD,SMD,LD,AC
	字节	字、整数	双字、双整数	实数
功能	使能输入有效时，即 EN＝1 时，将一个输入 IN 的字节、字/整数、双字/双整数或实数送到 OUT 指定的存储器输出。在传送过程中不改变数据的大小。传送后，输入存储器 IN 中的内容不变			

【例】MOV_B 传送指令的使用，将十六进制常数 A6 传送到 QB0 中，如图 2-39 所示。

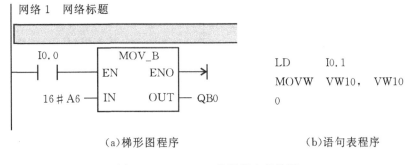

网络 1　网络标题

```
LD      I0.1
MOVW    VW10,  VW10
        0
```

　　（a）梯形图程序　　　　　　　　　　（b）语句表程序

图 2-39　MOV_B 传送指令的使用

【例】MOVW 传送指令的使用，将 VW2 中的数据传送到 VW10 中，设 I0.0 闭合，则对应的梯形图程序及传送结果如图 2-40 所示。

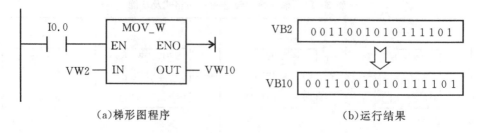

（a）梯形图程序 （b）运行结果

图 2-40 MOVW 传送指令的使用

【例】利用传送指令进行存储器的初始化设置（清零或置数），要求在开机运行时将存储器 VB10 清 0、将 VW100 置数 1800，则对应的梯形图程序如图 2-41 所示。

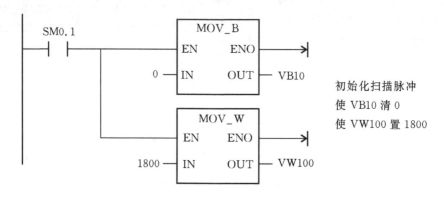

图 2-41 传送指令进行存储器的初始化设置程序

【例】多台电机的同时启停控制。设三台电机分别由 Q0.0、Q0.1、Q0.2 驱动，I0.0 为启动输入信号，I0.1 为停止信号。则对应的梯形图程序如图 2-42 所示。

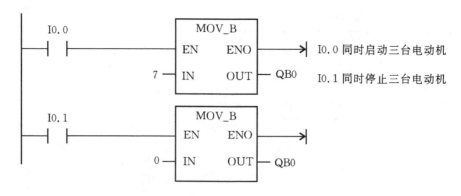

图 2-42 多台电机同时启停控制程序

2. 块传送指令 BLKMOV

块传送指令是指将输入 IN 指定地址的 N 个连续数据传送到从输出 OUT 指定地址开始的 N 个连续单元中，在传送的过程中不改变数据的原始值。根据传送数据的类型，BLKMOV 可分为字节块传送 BMB、字块传送 BMW、双字块传送 BMD。块传送指令的格式及功能见表 2-14。

表 2-14　块传送指令的格式及功能

LAD	BLKMOV_B EN　ENO IN　OUT N	BLKMOV_W EN　ENO IN　OUT N	BLKMOV_D EN　ENO IN　OUT N
STL	BMB IN,OUT	BMW IN,OUT	BMD IN,OUT
操作 数及 数据 类型	IN：VB, IB, QB, MB, SB, SMB,LB。 OUT：VB, IB, QB, MB, SB,SMB,LB。 数据类型：字节	IN：VW,IW,QW,MW,SW, SMW,LW,T,C,AIW。 OUT：VW, IW, QW, MW, SW,SMW,LW,T,C,AQW。 数据类型：字	IN/OUT：VD, ID, QD, MD, SD,SMD,LD。 数据类型：双字
	N：VB,IB,QB,MB,SB,SMB,LB,AC,常量；数据类型：字节；数据范围：1～255		
功能	使能输入有效时，即 EN＝1 时，把从输入 IN 开始的 N 个字节(字、双字)传送到以输出 OUT 开始的 N 个字节(字、双字)中,N 的范围为 1 至 255		

【例】I0.1 闭合时，将从 VB0 开始的连续 4 个字节传送到 VW10～VW13 中。对应的梯形图程序及传送结果如图 2-43 所示。

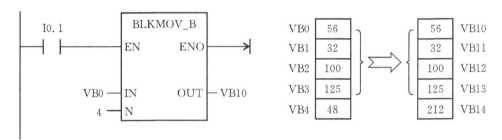

图 2-43　块传送指令举例

2.5.2　字节交换指令

字节交换指令用来交换输入字 IN 的最高位字节和最低位字节。指令格式如表 2-15 所示。

表 2-15　字节交换指令使用格式及功能

LAD	STL	功能及说明
SWAP EN　ENO IN	SWAP IN	功能：使能输入 EN 有效时，将输入字 IN 的高字节与低字节交换，结果仍放在 IN 中 IN：VW, IW, QW, MW, SW, SMW, T, C, LW,AC。数据类型：字

【例】假定变量存储器 VW4 单元中存放一数据 8E16,执行 SWAP 指令,其梯形图程序及执行结果如图 2-44 所示。

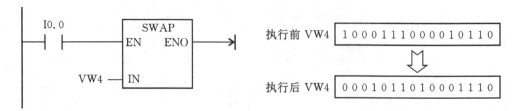

图 2-44 字节交换指令编程

当 I0.0 由"0"变"1"后,SWAP 指令将使 VW4 中内容的高字节与低字节交换,其结果使 VW4 中的内容变为 168E。

2.5.3 移位指令

移位指令的作用是将存储器中的数据按要求进行某种移位操作。数据移位指令可用于数据的乘除操作以及顺序控制的场合。移位指令分为左、右移位和循环左、右移位及寄存器移位指令三大类。前两类移位指令按移位数据的长度又分字节型、字型、双字型 3 种。

1. 数据左/右移位指令 SHL/SHR

数据左/右移位指令是指将输入端 IN 指定的数据左/右移 N 位,结果存在 OUT 中。根据移位的数据类型,SHL/SHR 可分为字节移位 SLB/SRB、字移位 SLW/SRW、双字移位 SLD/SRD。其格式及功能如表 2-16 所示。

表 2-16 数据左/右移位指令格式及功能

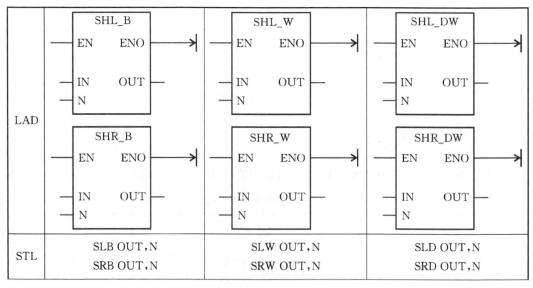

操作数及数据类型	IN：VB，IB，QB，MB，SB，SMB，LB，AC，常量。 OUT：VB，IB，QB，MB，SB，SMB，LB，AC。 数据类型：字节	IN：VW，IW，QW，MW，SW，SMW，LW，T，C，AIW，AC，常量。 OUT：VW，IW，QW，MW，SW，SMW，LW，T，C，AC。 数据类型：字	IN：VD，ID，QD，MD，SD，SMD，LD，AC，HC，常量。 OUT：VD，ID，QD，MD，SD，SMD，LD，AC。 数据类型：双字
	N：VB，IB，QB，MB，SB，SMB，LB，AC，常量；数据类型：字节；数据范围：N≤数据类型（B、W、D）对应的位数		
功能	SHL：字节、字、双字左移 N 位；SHR：字节、字、双字右移 N 位		

【例】将变量存储器 VB20 单元中的内容左移 3 位，VB40 单元中的内容右移 4 位，对应的梯形图程序及移位结果如图 2-45 所示。

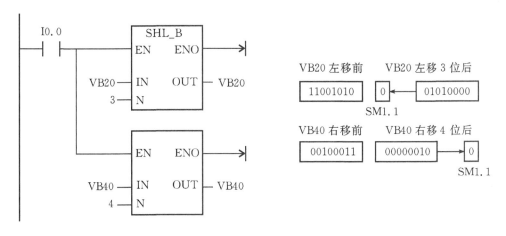

图 2-45　移位指令编程举例

2. 数据循环左/右移位指令 ROL/ROR

数据循环左/右移位指令是指将输入端 IN 指定的数据循环左/右移 N 位，结果存在 OUT 中。根据移位的数据类型，ROL/ROR 可分为字节循环移位 RLB/RRB、字循环移位 RLW/RRW、双字循环移位 RLD/RRD。其格式及功能如表 2-17 所示。

表 2-17　循环左、右移位指令格式及功能

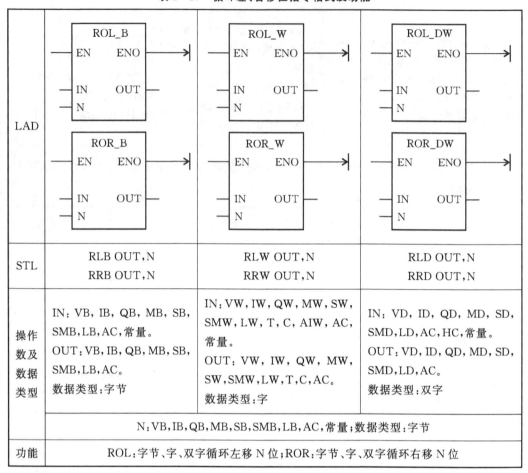

LAD	ROL_B EN　ENO IN　OUT N ROR_B EN　ENO IN　OUT N	ROL_W EN　ENO IN　OUT N ROR_W EN　ENO IN　OUT N	ROL_DW EN　ENO IN　OUT N ROR_DW EN　ENO IN　OUT N
STL	RLB OUT,N RRB OUT,N	RLW OUT,N RRW OUT,N	RLD OUT,N RRD OUT,N
操作数及数据类型	IN：VB, IB, QB, MB, SB, SMB,LB,AC,常量。 OUT：VB, IB, QB, MB, SB, SMB,LB,AC。 数据类型:字节	IN：VW, IW, QW, MW, SW, SMW, LW, T, C, AIW, AC, 常量。 OUT：VW, IW, QW, MW, SW,SMW,LW,T,C,AC。 数据类型:字	IN：VD, ID, QD, MD, SD, SMD,LD,AC,HC,常量。 OUT：VD, ID, QD, MD, SD, SMD,LD,AC。 数据类型:双字
	N:VB,IB,QB,MB,SB,SMB,LB,AC,常量;数据类型:字节		
功能	ROL:字节、字、双字循环左移 N 位;ROR:字节、字、双字循环右移 N 位		

【例】将 AC0 中的字循环左移 4 位,VW10 中的字循环右移 5 位,移位后的数据仍存入原来的存储单元,对应的梯形图程序及移位结果如图 2-46 所示。

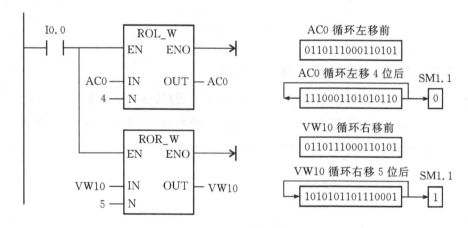

图 2-46　循环移位指令编程举例

数据左/右移位指令的特殊用法,数据每左移 1 位,相当于数值扩大,乘以 2;数据每右移 1 位,相当于数值缩小,除以 2。

【例】利用移位指令编程实现数据乘除的运算,假定 VW0 中存有数据 160,现将其除以 8(相当于右移 3 位),结果保存在 VW2 中;将其乘以 4(相当于左移 2 位),结果保存到 VW4 中。基于移位指令的数据乘除运算程序如图 2 - 47 所示。

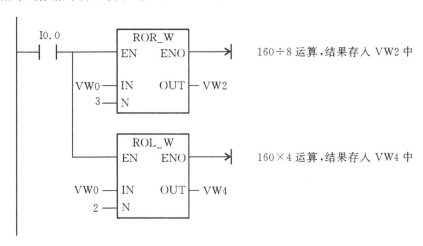

图 2 - 47　基于移位指令的数据乘除运算程序

3. 移位寄存器指令(SHRB)

移位寄存器指令是可以指定移位寄存器的长度和移位方向的指令。移位寄存器指令格式如图 2 - 48 所示。

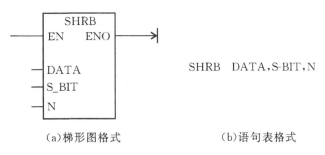

(a)梯形图格式　　　　　　　(b)语句表格式

图 2 - 48　移位寄存器指令格式

梯形图中,EN 为使能输入端,连接移位脉冲信号,每次使能有效时,把数据输入端(DATA)的数值移入移位寄存器,整个移位寄存器移动 1 位。S_BIT 指定移位寄存器的最低位。N 指定移位寄存器的长度和移位方向,移位寄存器的最大长度为 64 位,N 为正值表示左移位,输入数据(DATA)移入移位寄存器的最低位(S_BIT),并移出移位寄存器的最高位。移出的数据被放置在溢出内存位(SM1.1)中。N 为负值表示右移位,输入数据移入移位寄存器的最高位中,并移出最低位(S_BIT)。移出的数据被放置在溢出内存位(SM1.1)中。

【例】图 2 - 49 为一个 4 位寄存器的移位过程示意图,观察该图可直观地了解 SHRB 指令是如何移位的。

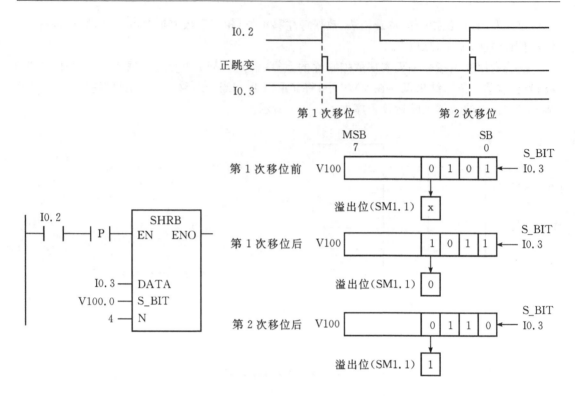

图 2-49 4 位寄存器的移位过程示意图

【例】9 只彩灯，L1、L2、L3、L4、L5、L6、L7、L8、L9，要求按下启动按钮，9 只灯依次点亮，时间间隔为 1 s，并循环。按下停止按钮，全都停下来，梯形图如图 2-50 所示。

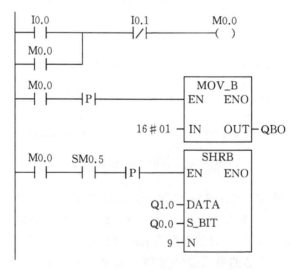

图 2-50 9 只彩灯依次循环点亮梯形图

2.5.4　数据比较指令

比较指令用于比较两个数据的大小,并根据比较的结果使触点闭合,可用于控制线圈输出或进行其他操作。比较指令包括字节比较、字整数比较、双字整数比较及实数比较指令四种。数据比较指令的格式及功能见表 2-18。

表 2-18　数据比较指令的格式及功能

梯形图 LAD	语句表 STL		功能
	操作码	操作数	
—|　IN1 　F X 　IN2　|—	LDXF	IN1,IN2	比较两个数 IN1 和 IN2 的大小,若比较式为真,则该触点闭合。
	AXF	IN1,IN2	
	OXF	·　IN1,IN2	

说明:

(1)操作码中的 F 代表比较符号,可分为"="">""="">="">="">"及">"六种。

(2)操作码中的 X 代表数据类型,分为字节(B)、字整数(I)、双字整数(D)和实数(R)四种。

(3)操作数的寻址范围要与指令码中的 X 一致。其中字节比较、实数比较指令不能寻址专用的字及双字存储器,如 T、C 及 HC 等;字整数比较时不能寻址专用的双字存储器 HC;双字整数比较时不能寻址专用的字存储器 T、C 等。

【例】若 MW4 中的数小于 IW2 中的数,则使 M0.1 复位;若 MW4 中的数据大于等于 IW2,则使 M0.1 置位。对应的梯形图及语句表程序如图 2-51 所示。

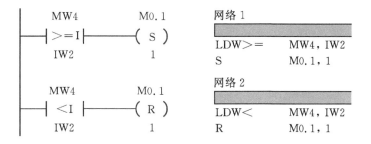

图 2-51　比较指令编程举例 1

【例】调节模拟调节电位器 0 来改变 SMB28 的数值。当 SMB28 中的数值小于等于 50 时,Q0.0 输出;当 SMB28 中的数值大于等于 150 时,Q0.1 输出,梯形图如图 2-52 所示。

【例】多台电机分时起动控制。起动按钮按下后,3 台电机每隔 3 s 分别依次起动,按下停止按钮,3 台电机同时停止。设 PLC 的输入端子 I0.0 为起动按钮输入端,I0.1 为停止按钮输入端,Q0.0、Q0.1、Q0.2 分别为驱动 3 台电机的电源接触器输出端子。其对应的梯形图程序如图 2-53 所示。

87

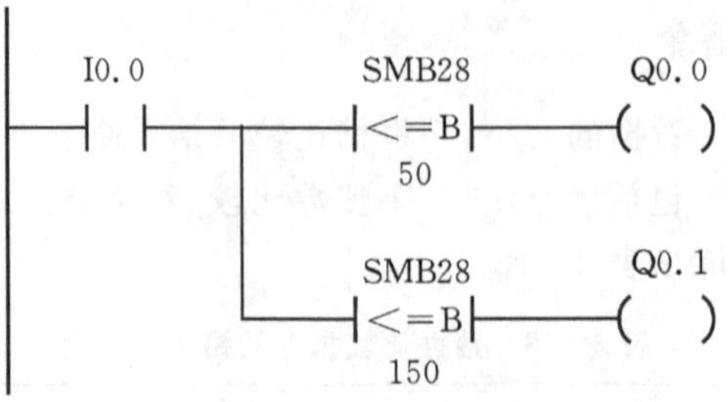

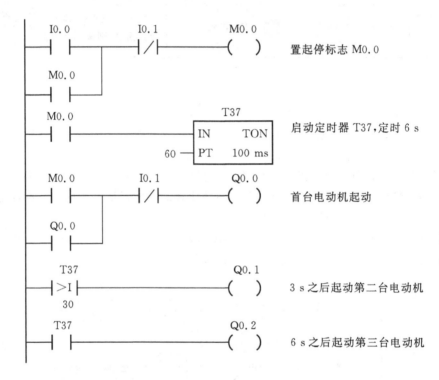

图 2-52 比较指令编程举例 2

图 2-53 3 台电机分时启动梯形图程序

2.5.5 算数运算指令

算术运算指令包括加、减、乘、除等运算,主要实现对数值类数据的四则运算,多用于实现按数据运算结果进行控制的场合。

1.整数、双字整数加/减指令

整数与双整数加减法指令格式如表 2-19 所示。

表 2 - 19　整数与双整数加减法指令格式

LAD	ADD_I EN　ENO IN1　OUT IN2	SUB_I　EN EN　ENO IN1　OUT IN2	ADD_DI EN　ENO IN1　OUT IN2	SUD_DI EN　ENO IN1　OUT IN2
STL	MOVW IN1,OUT ＋I IN2,0UT	MOVW IN1,OUT －I IN2,0UT	MOVD IN1,OUT ＋D IN2,0UT	MOVD IN1,OUT ＋D IN2,0UT
功能	IN1＋IN2＝OUT	IN1－IN2＝OUT	IN1＋IN2＝OUT	IN1－IN2＝OUT
操作数 及数据 类型	IN1/IN2：VW,IW,QW,MW,SW,SMW,T, C,AC,LW,AIW,常量,＊VD,＊LD,＊AC OUT：VW,IW,QW,MW,SW,SMW,T,C, LW,AC,＊VD,＊LD,＊AC IN/OUT 数据类型：整数		IN1/IN2：VD,ID,QD,MD,SMD,SD,LD, AC,HC,常量,＊VD,＊LD,＊AC OUT：VD,ID,QD,MD,SMD,SD,LD,AC, ＊VD,＊LD,＊AC IN/OUT 数据类型：双整数	

整数加法（ADD-I）和减法（SUB-I）指令：使能输入有效时,将两个 16 位符号整数相加或相减,并产生一个 16 位的结果输出到 OUT。

双整数加法（ADD-D）和减法（SUB-D）指令：使能输入有效时,将两个 32 位符号整数相加或相减,并产生一个 32 位结果输出到 OUT。

说明：

（1）采用梯形图指令编程,可直接将两数进行相加运算。如果采用语句表指令编程,则必须先将其中一个常数存入存储器或累加器中,然后再将另一个常数与存储器或累加器中内的数据进行加法运算。

（2）整数与双整数加减法指令影响算术标志位 SM1.0（零标志位）,SM1.1（溢出标志位）和 SM1.2（负数标志位）。

【例】假定对常数 5 和常数 3 进行加法运算,对应的梯形图及语句表程序如图 2 - 54 所示。

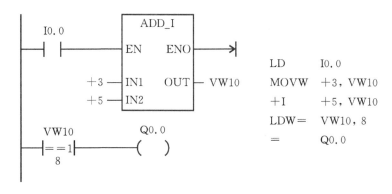

（a）梯形图程序　　　　　　　　　　（b）语句表程序

图 2 - 54　整数加法指令举例 1

【例】求 5000 加 400 的和,5000 已放在数据存储器 VW200 中,计算结果放入 AC0。程序如图 2-55 所示。

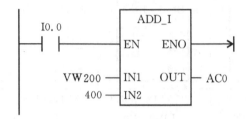

图 2-55 整数加法指令举例 2

2. 整数、双字整数乘/除指令

整数、双字整数乘/除指令指令格式如表 2-20 所示。

表 2-20 整数乘除法指令格式

	MUL_I	DIV_I	MUL_DI	MUL_DI	MUL	DIV
LAD	EN ENO IN1 OUT IN2	EN ENO IN1 OUT IN2	EN ENO IN1 OUT IN2	EN ENO IN1 OUT IN2	EN ENO IN1 OUT IN2	EN ENO IN1 OUT IN2
STL	MOVW IN1, OUT * I IN2, OUT	MOVW IN1, OUT/I IN2, OUT	MOVD IN1, OUT * D IN2, OUT	MOVD IN1, OUT/D IN2, OUT	MOVW IN1, OUT MUL IN2, OUT	MOVW IN1, OUT DIV IN2, OUT
功能	IN1 * IN2= OUT	IN1/IN2= OUT	IN1 * IN2= OUT	IN1/IN2= OUT	IN1 * IN2= OUT	IN1/IN2= OUT

整数乘法指令(MUL-I):使能输入有效时,将两个 16 位符号整数相乘,并产生一个 16 位积,从 OUT 指定的存储单元输出。

整数除法指令(DIV-I):使能输入有效时,将两个 16 位符号整数相除,并产生一个 16 位商,从 OUT 指定的存储单元输出,不保留余数。如果输出结果大于一个字,则溢出位 SM1.1 置位为 1。

双整数乘法指令(MUL-D):使能输入有效时,将两个 32 位符号整数相乘,并产生一个 32 位乘积,从 OUT 指定的存储单元输出。

双整数除法指令(DIV-D):使能输入有效时,将两个 32 位整数相除,并产生一个 32 位商,从 OUT 指定的存储单元输出,不保留余数。

整数乘法产生双整数指令(MUL):使能输入有效时,将两个 16 位整数相乘,得出一个 32 位乘积,从 OUT 指定的存储单元输出。

整数除法产生双整数指令(DIV):使能输入有效时,将两个 16 位整数相除,得出一个 32 位结果,从 OUT 指定的存储单元输出。其中高 16 位放余数,低 16 位放商。

【例】假定 I0.0 得电时,执行 VW10 乘以 VW20、VD40 除以 VD50 操作,并分别将结果存入 VW30 和 VD60 中。则对应的梯形图程序及运算过程如图 2-56 所示。

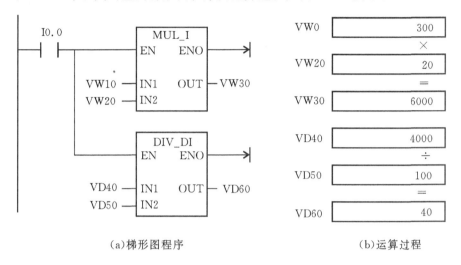

（a）梯形图程序　　　　　　　　　（b）运算过程

图 2-56　整数乘除指令编程举例

【例】采用整数乘除到双字整数指令计算 4000×20 及 4000/56 的值。梯形图程序及运算过程如图 2-57 所示。

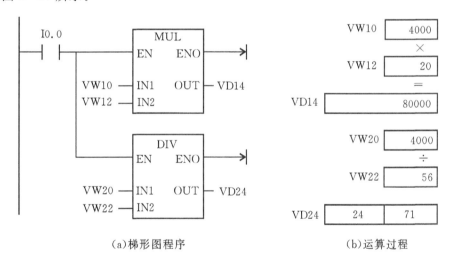

（a）梯形图程序　　　　　　　　　（b）运算过程

图 2-57　整数乘除到双字整数指令举例

3. 递增、递减指令

递增、递减指令用于对输入无符号数字节、符号数字、符号数双字进行加 1 或减 1 的操作,并将结果置入 OUT 指定的变量中。递增、递减指令格式如表 2-21 所示。

表 2-21 递增、递减指令格式

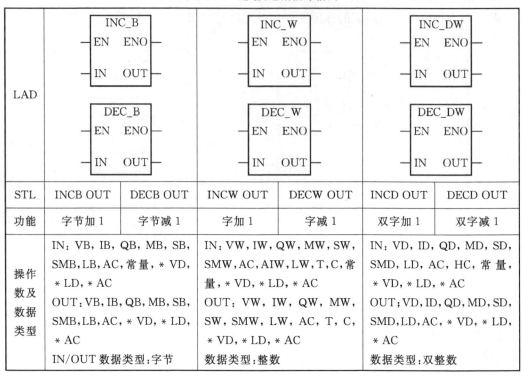

LAD		INC_B / DEC_B		INC_W / DEC_W		INC_DW / DEC_DW	
STL	INCB OUT	DECB OUT	INCW OUT	DECW OUT	INCD OUT	DECD OUT	
功能	字节加1	字节减1	字加1	字减1	双字加1	双字减1	
操作数及数据类型	IN：VB, IB, QB, MB, SB, SMB,LB,AC,常量, * VD, * LD, * AC OUT：VB, IB, QB, MB, SB, SMB,LB,AC, * VD, * LD, * AC IN/OUT 数据类型:字节		IN：VW, IW, QW, MW, SW, SMW,AC,AIW,LW,T,C,常量, * VD, * LD, * AC OUT：VW, IW, QW, MW, SW, SMW, LW, AC, T, C, * VD, * LD, * AC 数据类型:整数		IN：VD, ID, QD, MD, SD, SMD, LD, AC, HC, 常量, * VD, * LD, * AC OUT：VD,ID,QD,MD,SD, SMD,LD,AC, * VD, * LD, * AC 数据类型:双整数		

说明:

(1)字、双字增减指令是有符号的,影响特殊存储器位 SM1.0 和 SM1.1 的状态;字节增减指令是无符号的,影响特殊存储器位 SM1.0、SM1.1 和 SM1.2 的状态。

(2)在梯形图指令中,IN 和 OUT 可以指定为同一存储单元,这样可以节省内存,在语句表指令中不需使用数据传送指令。

【例】I0.2 每接通一次,AC0 的内容自动加 1,VW100 的内容自动减 1。其梯形图程序及语句表程序如图 2-58 所示。

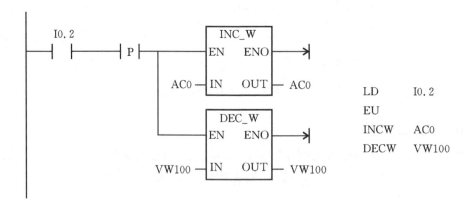

(a)梯形图程序   (b)语句表程序

图 2-58 递增递减指令编程举例

2.5.6　显示译码指令

七段显示译码指令的指令格式及功能如表 2-22 所示。

表 2-22　七段显示译码指令格式及功能

梯形图 LAD	语句表 STL	功能
SEG EN　ENO IN　OUT	SEG IN,OUT	当使能位 EN 为 1 时,将输入字节 IN 的低四位有效数字值,转换为七段显示码,并输出到字节 OUT

说明:STL 中的操作数 IN、OUT 寻址范围不包括专用的字及双字存储器如 T、C、HC 等,其中 OUT 不能寻址常数。

七段显示码的编码规则如表 2-23 所示。

表 2-23　七段显示译码编码规则

IN	OUT .gfedcba	段码显示	IN	OUT .gfedcba
0	0 0 1 1 1 1 1 1		8	0 1 1 1 1 1 1 1
1	0 0 0 0 0 1 1 0		9	0 1 1 0 0 1 1 1
2	0 1 0 1 1 0 1 1		A	0 1 1 1 0 1 1 1
3	0 1 0 0 1 1 1 1		B	0 1 1 1 1 1 0 0
4	0 1 1 0 0 1 1 0		C	0 0 1 1 1 0 0 1
5	0 1 1 0 1 1 0 1		D	0 1 0 1 1 1 1 0
6	0 1 1 1 1 1 0 1		E	0 1 1 1 1 0 0 1
7	0 0 0 0 0 1 1 1		F	0 1 1 1 0 0 0 1

段码显示:
```
      a
   ┌─────┐
 f │  g  │ b
   ├─────┤
 e │     │ c
   └─────┘
      d
```

【例】设 VB2 字节中存有十进制数 9,当 I0.0 得电时对其进行段码转换,以便进行段码显示。其梯形图程序及执行结果如图 2-59 所示。

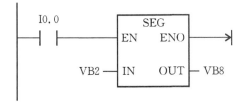

	地址	格式	当前值
1	VB2	不带符号	9
2	VB8	二进制	2#0110_0111

　　(a)梯形图程序　　　　　　　　　　　　　(b)执行结果

图 2-59　显示译码指令举例

功能指令的应用举例请参见第二篇应用篇 5.3 节。

习题与思考题

1. 根据下列语句表程序，写出梯形图程序。

```
LD    I0.0
AN    I0.1
LD    I0.2
A     I0.3
O     I0.4
A     I0.5
OLD
LPS
A     I0.6
=     Q0.1
LPP
A     I0.7
=     Q0.2
A     I1.1
=     Q0.3
```

2. 写出下面梯形图程序对应的语句表指令。

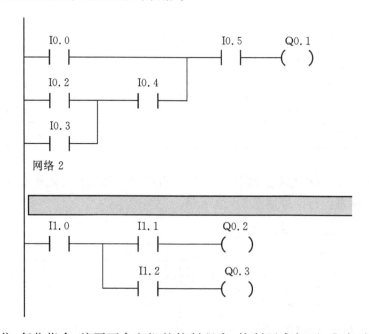

3. 使用置位、复位指令，编写两台电机的控制程序，控制要求如下：①启动时，电机 M1 先启动，才能启动电机 M2；停止时，电机 M1、M2 同时停止。②启动时、电机 M1、M2 同时启动；停止时，只有在电机 M2 停止时，电机 M1 才能停止。

4. S7-200 系列 PLC 有哪几种定时器？

5. S7-200 系列 PLC 的定时器有哪几种分辨率（最小定时单位）？定时器的编号与定时器的分辨率之间有什么关系？

6. 接通延时定时器和保持型接通延时定时器有何区别？

7. 设计周期为 5S，占空比为 20% 的方波输出信号程序（输出点可以使用 Q0.0）。

8. 设计满足下图所示时序的梯形图。

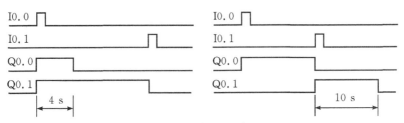

9. 编写断电延时 5 s 后，M0.0 和 Q0.0 置位的程序。

10. 设计送料小车自动往返，并在两边延时 5 s 的 PLC 控制程序。

11. 一台电机 M1，要求按下启动按钮 1 h 后，电机自行启动；按下停止按钮后电机停止。试分别用定时器和计数器两种方法设计梯形图。

12. 试设计程序实现功能：按下启动按钮，第一台电机 M1 启动，运行 5 s 后，第二台电机 M2 启动；M2 运行 15 s 后，第三台电机 M3 启动。按下停止按钮，3 台电机全部停止。在启动过程中，指示灯闪烁，在运行过程，指示灯常亮。

13. 设 Q0.0、Q0.1、Q0.2 分别驱动 3 台电机的电源接触器，I0.6 为 3 台电机依次启动的启动按钮，I0.7 为 3 台电机同时停车的按钮，要求 3 台电机依次启动时间的时间间隔为 10 s，试采用定时器指令、比较指令配合或计数器指令、比较指令配合编写程序。

14. 16 位彩灯循环控制，移位的时间间隔为 1 s，用 I0.1 作为移位方向控制开关，I0.1 为 OFF 时循环右移一位，为 ON 时循环左移一位，试编写程序。

15. 设定时器的预设值为 30 s、40 s、50 s，现分别通过开关 I0.0、I0.1、I0.2 对预设值进行预设，试用数据传送指令通过编程来实现。

16. 有电机 4 台，希望能够同时启动同时停车，试用传送指令编程实现。

17. 利用传送指令实现功能：当 I1.0 接通时，8 盏指示灯 Q0.0 至 Q0.7 全亮；当 I1.1 接通时，8 盏指示灯中的第 1、3、5、7 灯亮；当 I1.2 接通时，8 盏指示灯中的第 2、4、6、8 灯亮；当 I1.3 接通时，8 盏指示灯全灭。

18. 9 只彩灯，要求隔两灯闪烁，即 L1、L4、L7 亮 1 s 后灭，接着 L2、L5、L8 亮 1 s 后灭，再接着 L3、L6、L9 亮 1 s 后灭，并循环。

19. 用循环指令编写一段输出控制程序，假设有 8 个指示灯，从左到右以 0.5 s 的速度依次点亮，保持任一时刻只有 1 个指示灯亮，到达最右端后，再从左到右依次点亮，每按一次启动按钮，循环显示 20 次。

20. 用 SHRB 指令实现数码管每隔 1 s 分别显示 0-1-2-3 并循环。

21. 一自动仓库存放某种货物，最多 6000 箱，需对所存的货物进出计数。货物大于 1000 箱，灯 L1 亮；货物大于 5000 箱，灯 L2 亮。

22. 试用七段显示译码指令控制数码管输出显示字符 A。

23.试用七段显示译码指令控制数码管每隔 1 s 输出显示字符 0~9,并循环。

24.若 I0.1、I0.2、I0.3、I0.4 分别对应着 3、4、5、6 个数字。试用数据传送指令与段码指令配合或译码指令与段码指令配合将其通过 QB0 显示出来。

25.控制一台电机,按下启动按钮电机运行一段时间自行停止,按下停止按钮电机立即停止。运行时间用两个按钮来调整,时间调整间距为 10 s,初始设定时间为 1000 s,最小设定时间为 100 s,最大设定时间为 3000 s。

第3章 程序控制指令及其应用

程序控制指令包含跳转及循环指令、顺控继电器指令、子程序和中断程序指令、系统控制指令等。程序控制指令用于程序执行流程的控制。在一个扫描周期内,跳转指令可以使程序跳转到目标程序段;循环指令用于重复执行若干次同样的任务;顺控指令用来完成多程序块连锁顺序运行和多分支、多功能选择并行或循环运行的功能;子程序指令可调用某些子程序,增强程序的结构化,使程序结构更加严谨;中断指令则是用于中断命令引起的子程序调用;系统控制指令则包括条件结束指令、停止指令和监控定时器复位指令。

3.1 系统控制指令

3.1.1 停止指令

停止指令的使能输入端有效时,立即停止程序的执行。指令执行的结果是,CPU 的工作方式由 RUN 切换到 STOP 方式。停止指令(STOP)的格式及功能见表 3-1。

表 3-1 停止指令格式和功能

梯形图 LAD	语句表 STL	功能
——(STOP)	STOP	停止指令执行

说明:

STOP 指令既可以在主程序中使用,也可以在子程序和中断程序中使用。如果在中断程序中执行 STOP 指令,则中断处理立即结束,并忽略所有挂起的中断,返回主程序执行到无条件结束指令 MEND 后,将 PLC 切换到 STOP 方式。

3.1.2 结束指令

结束指令(END/MEND)的格式及功能见表 3-2。无条件结束指令(MEND)直接与左侧母线相连;条件结束指令(END),不与左侧母线相连,只有在其使能输入端有效时,才会终止用户程序。

表 3-2 结束指令格式及功能

语句表 STL	功能
END	条件结束指令
MEND	无条件结束指令

说明:

(1)条件结束指令在使能输入端有效时,终止用户程序的执行,返回主程序的第一条指令行(循环扫描方式)。

（2）无条件结束指令执行时（指令直接连在左侧母线上，无使能输入），立即终止用户程序的执行，返回主程序的第一条指令行。

（3）结束指令只能在主程序中使用，不能在子程序和中断程序中使用。

（4）STEP-Microsoft/WIN 编程软件会在主程序的结尾处自动生成无条件结束指令，用户不用输入无条件结束指令，否则编译会出错。

【例】停止指令、结束指令的编程。梯形图和语句表如图 3-1 所示。

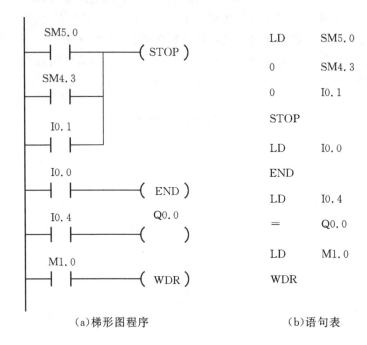

（a）梯形图程序　　　　　　　　（b）语句表

图 3-1　停止指令和结束指令格式示例

3.2　跳转及循环指令

跳转、循环指令用于程序执行顺序的控制。

3.2.1　跳转指令

跳转指令（JMP）和跳转地址标号（LBL）配合实现程序的跳转。跳转/标号指令在工业现场控制中常用于操作方式的选择。在同一个程序内，当使能输入有效时程序跳转指令跳转到指定标号 n 处，跳转标号 $n=0\sim255$；使能输入无效时，程序顺序执行。跳转指令的格式及功能见表 3-3。

表 3-3　跳转指令的格式及功能

梯形图 LAD	语句表 STL	功能
n ——(JMP)	JMP　n	跳转指令
n —— LBL	LBL　n	跳转标号

说明：

(1)允许多条跳转指令使用同一标号,但不允许一个跳转指令对应两个标号,同一个指令中不能有两个相同的标号。

(2)跳转指令具有程序选择功能。

(3)主程序、子程序和中断服务程序中都可以使用跳转指令,SCR 程序段中也可以使用跳转指令,但要特别注意。

(4)若跳转指令中使用上升沿或者下降沿脉冲指令时,跳转只执行一个周期,但若使用 SM0.0 作为跳转条件,跳转则称为无条件跳转。

跳转/标号指令的功能示意图如图 3-2 所示。

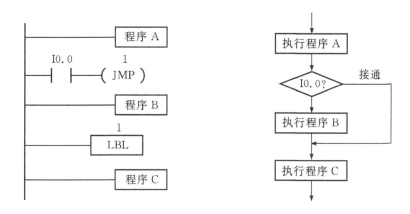

图 3-2　跳转/标号指令的功能示意图

执行程序 A 后,当转移条件成立(I0.0 常开触点闭合),跳过程序 B,执行程序 C;若转移条件不成立(I0.0 常开触点断开),则执行程序 A 后,执行程序 B,然后执行程序 C。这两条指令的功能是传统继电器控制所没有的。

【例】当使能输入 I0.0 接通,程序跳转至标号地址,从网络 5 开始往下执行,否则顺序执行。其梯形图程序及语句表如图 3-3 所示。

【例】设 I0.0 为点动/连续运行控制选择开关。I0.1 为启动按钮,启动方式可以分为连续运行控制和点动控制两种。当 I0.0 得电时,选择点动控制;当 I0.0 不得电时,选择连续运行控制。采用跳转/标号指令实现点动/连续运行控制的梯形图如图 3-4 所示。

【例】用跳转指令编程来控制两只灯,灯分别接于 Q0.0、Q0.1。控制要求如下：

(1)要求能实现自动与手动控制的切换,切换开关接于 I0.0,若 I0.0 为 OFF 则为手动操作,若 I0.0 为 ON,则切换到自动运行。

(2)手动控制时,能分别用一个开关控制它们的启停,两个灯的启停开关分别为 I0.1、I0.2。

(3)自动运行时,两只灯能每隔 1 s 交替闪亮。梯形图程序如图 3-5 所示。

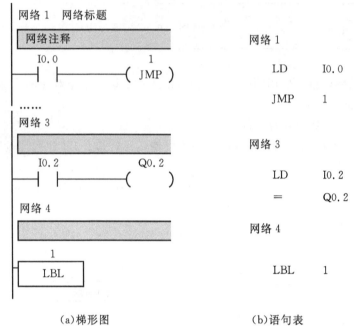

(a)梯形图   (b)语句表

图 3-3　跳转指令梯形图程序及语句表

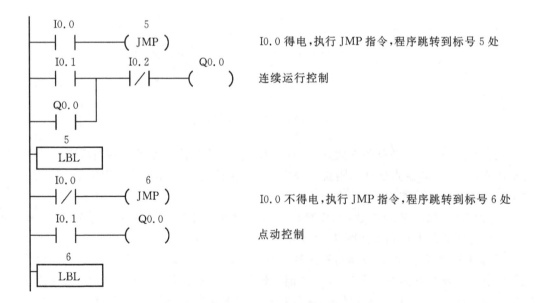

图 3-4　采用跳转/标号指令实现点动/连续运行控制的梯形图

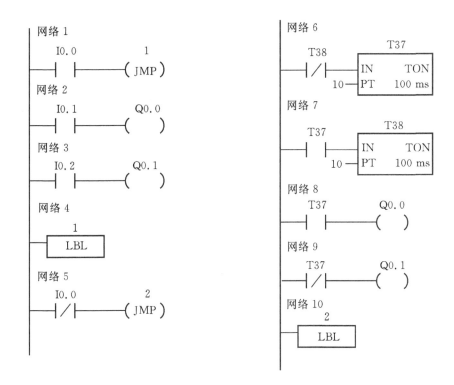

图 3-5　跳转指令应用梯形图程序

3.2.2　循环指令

在控制系统中经常遇到对某项任务需要重复执行若干次的情况,这时可使用循环指令。循环指令由循环开始指令 FOR 和循环结束指令 NEXT 组成,当驱动 FOR 指令的逻辑条件满足时,该指令会反复执行 FOR 与 NEXT 之间的程序段,其指令格式如下表 3-4 所示。

表 3-4　循环指令格式及功能

梯形图 LAD	语句表 STL	功能
FOR EN　ENO INDX INIT FINAL	FOR INDX, INIT, FINAL	循环开始
——(NEXT)	NEXT	循环返回

说明:

(1)使能输入无效时,循环程序不执行。

(2)FOR 和 NEXT 指令必须成对使用,在 FOR 与 NEXT 之间构成循环体。

（3）使用 FOR（NEXT）指令必须指定当前循环计数（INDX）、起始值（INIT）和结束值（FINAL）。FOR 指令中的 INDX 指定当前循环计数器，用于记录循环次数；INIT 记录循环次数初始值，FINAL 指定循环次数终值。每次启用 FOR（NEXT）指令时，它将初始值复制至循环计数（INDX）。当使能执行条件存在，开始执行循环体，当前循环计数器从 INIT 指定的初值开始，每执行一次循环体，当前循环计数器值加 1。当循环计数器值大于 FINAL 指定的终值时，循环结束。

（4）循环可以嵌套，最多 8 层。

【例】在图 3-6 所示的梯形图中，当 I0.0＝1 时，进入外循环，并循环执行"网络 1"至"网络 6"6 次；当 I0.1＝1 时，进入内循环，并循环执行"网络 2"至"网络 5"8 次；每次外循环、内循环都要循环执行"网络 3"至"网络 5"8 次。如果 I0.1＝0，在执行外循环时，则跳过"网络 2"至"网络 4"。

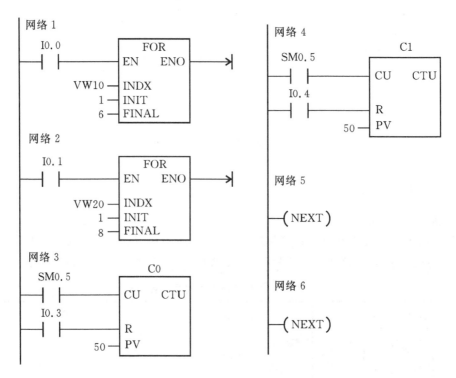

图 3-6　循环指令的应用实例

【例】用循环指令完成 S＝1＋2＋3＋…＋100，并将求和结果放在 VW100 中。其梯形图程序及语句表如图 3-7 所示。

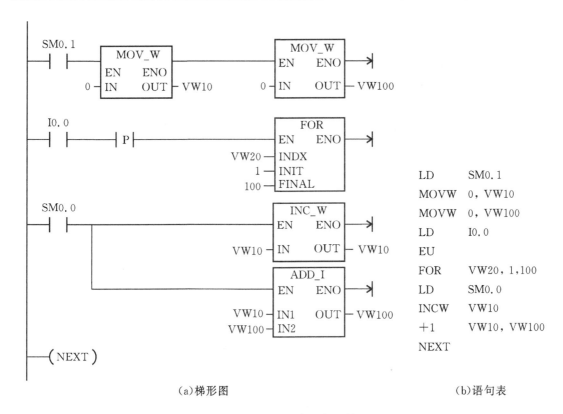

(a)梯形图　　　　　　　　　　　　(b)语句表

图 3-7　循环指令程序示例

3.3　子程序指令

　　子程序是结构化编程的有效工具,它可以把功能独立的,且需要多次使用的部分单独编写,供主程序调用。子程序能够使程序结构清晰、功能明确,并且简单易读。子程序有子程序调用和子程序返回两大类指令,子程序返回又分为条件返回和无条件返回。子程序调用指令用在主程序或其他调用子程序的程序中,子程序的无条件返回指令在子程序的最后网段。子程序结束时,程序执行应返回原有调用指令的下一条指令处。要使用子程序,然后才能调用子程序。

1. 建立子程序

　　在 STEP 7-Micro/WIN 编程软件中可以采用以下方法建立子程序。
　　(1)执行菜单命令"编辑"→"插入"→"子程序"。
　　(2)在指令树中用鼠标右键单击"程序块"图标,从弹出的菜单选项中选"插入"下的"子程序"。
　　(3)在"程序编辑器"的空白处单击鼠标右键,从弹出的菜单选项中选"插入"下的"子程序"。
　　注意,此时仅仅是建立了子程序的标号,子程序的具体功能需要在当前子程序的程序编辑器中进行程序编辑。

建立了子程序后,子程序的默认名为 SBR_n,编号 n 从 0 开始按递增顺序递增生成。在 SBR_n 上单击鼠标右键,从弹出的菜单选项中选择"重命名"或在 SBR_n 上双击鼠标左键,可以更改子程序名称。

2. 子程序的调用和返回指令

子程序编辑好后,返回主调程序的程序编辑器页面,将光标定在需要调用子程序处,双击指令树中对应的子程序或直接用鼠标将子程序拖到需要调用子程序处。子程序的调用和返回指令格式见表 3-5。

表 3-5　子程序调用指令格式和功能

梯形图 LAD	语句表 STL	功能
SBR_0 / EN	CALL　SBR0	子程序调用
——(RET)	CRET	子程序条件返回

说明:

(1)子程序调用指令编写在主调程序中,子程序返回指令编写在子程序中;在梯形图中,子程序调用指令以功能框形式编程,子程序返回指令以线圈形式编程。

(2)子程序标号 n 的范围:CPU221/222/224 为 0~63,CPU224XP/226 为 0~127;

(3)子程序既可以不带参数调用,也可以带参数调用。带参数调用的子程序必须事先在局部变量表里对参数进行定义;且最多可以传递 16 个参数,参数的变量名最多为 23 个字符。传递的参数有 IN、IN_OUT、OUT 三类,IN(输入)是传入子程序的输入参数;IN_OUT(输入/输出)将参数的初始值传给子程序,并将子程序的执行结果返回给同一地址;OUT(输出)是子程序的执行结果,它被返回给调用它的程序。被传递参数的数据类型有 BOOL、BYTE、WORD、INT、DWORD、DINT、REAL、STRINGL 8 种。

(4)用 Micro/WIN32 软件编程时,编程人员不用手动输入 RET 指令,而是由软件自动加在每个子程序的结束处,在子程序中不能使用 END 指令。执行完子程序后,控制程序回到子程序调用前的下一条指令。子程序可嵌套,嵌套深度最多为 8 层;但在中断服务程序中,不能嵌套调用子程序。

(5)子程序编程步骤

①建立子程序(SBR_n)。

②在子程序(SBR_n)中编写应用程序,如果子程序带有参数,应首先在子程序中填写局部变量表,然后再编写应用程序。

③在主程序或其他子程序中编写调用子程序(SBR_n)指令。

【例】不带参数子程序的调用及返回指令,如图 3-8 所示。

【例】不带参数子程序的调用指令,如图 3-9 所示。

电机点动/连续运转控制的点动部分及连续运转部分可分别作为两个子程序编写,在主程序中根据需要调用,这样也可以很好地完成控制任务。

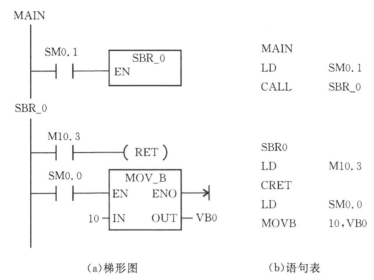

（a）梯形图　　　　　　　　（b）语句表

图 3-8　不带参数子程序的调用及返回指令编程

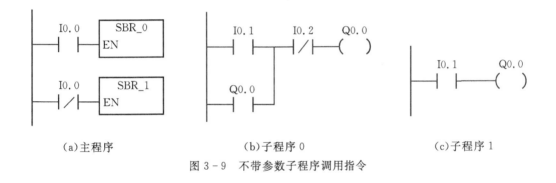

（a）主程序　　　　　　　（b）子程序 0　　　　　　　（c）子程序 1

图 3-9　不带参数子程序调用指令

3. 带参数的子程序调用

1）子程序参数定义

子程序中最多可带 16 个参数，参数定义在子程序的局部变量表中。每个参数都包含变量名、变量类型和数据类型。

（1）变量名。最多用 8 个字符表示，第一个字符不能是数字。

（2）变量类型。变量类型是按变量对应数据的传递方向来划分的，可以是传入子程序参数（IN），传入/传出子程序参数（IN/OUT）、传出子程序参数（OUT）和暂时变量（TEMP）4 种类型。4 种变量类型的参数在局部变量表中的位置必须按以下先后顺序。

①IN 类型：传入子程序参数。所接的参数可以是直接寻址数据（如 VB100）、间接寻址数据（如 AC1）、立即数（如 16#2344）和数据的地址值（如 &VB106）。

②IN/OUT 类型：传入/传出子程序参数。调用时将指定地址的参数值传到子程序，返回时从子程序得到的结果值被返回到同一地址。参数可以采用直接和间接寻址，但立即数（如 16#1234）和地址值（如 &VB100）不能作为参数。

③OUT 类型：传出子程序参数。它将从子程序返回的结果值送到指定的参数位置。输

出参数可以采用直接和间接寻址,但不能是立即数或地址编号。

④TEMP 类型:暂时变量类型。在子程序内部暂时存储数据,不能用来与主程序传递参数数据。

(3)数据类型。局部变量表中还要对数据类型进行声明。数据类型可以是:能流、布尔型、字节型、字型、双字型、整数型、双整数型和实型。

①能流:仅允许对位输入操作,是位逻辑运算的结果。在局部变量表中布尔能流输出处于所有类型的最前面。

②布尔型:布尔型用于单独的位输入和输出。

③字节、字和双字型:这 3 种类型分别声明一个 1 字节、2 字节和 4 字节的无符号输入或输出参数。

④整数、双整数型:这 2 种类型分别声明一个 2 字节或 4 字节的有符号输入或输出参数。

⑤实型:该类型声明一个 IEEE 标准的 32 位浮点参数。

2)参数子程序调用的规则

常数参数必须声明数据类型。例如:如果缺少常数参数的这一描述,常数可能会被当作不同类型使用。

输入或输出参数没有自动数据类型转换功能。例如:局部变量表中声明一个参数为实型,而在调用时使用一个双字,则子程序中的值就是双字。

参数在调用时必须按照一定的顺序排列,显示输入参数,然后是输入/输出参数,最后是输出参数。

局部参数定义好后,若在梯形图编辑方式下,则子程序指令盒自动生成参数设置端口。若在指令表编辑方式下,则参数一定要按照输入参数、输入/输出参数、输出参数的顺序排列。对应局部变量表的带参数的子程序调用格式如图 3-10 所示。

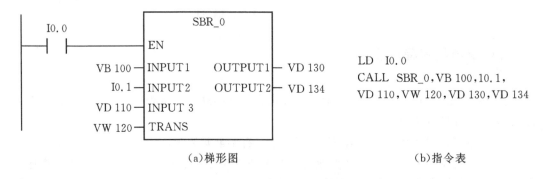

(a)梯形图　　　　　　　　　　　　　　　(b)指令表

图 3-10　带参数的子程序调用格式

【例】SBR1 子程序是一个含有 4 个输入参数、1 个输入/输出参数、1 个输出参数的带参数的子程序。在创建这个子程序时,首先要打开这个子程序的"SIMATIC LAD"(局部变量表)。在局部变量表中,为这 6 个参数赋予名称(如 IN1、IN2、IN3、IN4、INOUT、OUT),然后选定变量类型(IN 或者 IN OUT 或者 OUT),并赋予正确的数据类型(如 BOOL、BYTE、BOOL、WORD、DWORD、WORD),见表 3-6。

表 3 - 6　局部变量表

局部变量	名称	变量类型	数据类型	局部变量	名称	变量类型	数据类型
L0.0	IN1	IN	BOOL	LW3	IN4	IN	WORD
LB1	IN2	IN	BYTE	LW5	INOUT	IN_OUT	DWORD
L2.0	IN3	IN	BOOL	LW9	OUT	OUT	WORD

注:首先完成局部变量表 SBR1 的编辑,这时再调用 SBR1 时,这个子程序自然就带参数了。表中局部变量一项(L 区)参数是自动形成的,不需用户填写。

【例】带参数子程序的举例

仍以电机点动/连续运转控制为例。此时需要在子程序页面的程序编辑器的局部变量表中对参数进行定义,连续运转控制子程序局部变量表如表 3-7 所示,点动控制子程序局部变量表如表 3-8 所示。

表 3 - 7　连续运转控制子程序局部变量表

—	符号	变量类型	数据类型
—	EN	IN	BOOL
L0.0	start_button	IN	BOOL
L0.1	stop_button	IN	BOOL
—	—	IN_OUT	—
L0.2	motor	OUT	BOOL

表 3 - 8　点动控制子程序局部变量表

—	符号	变量类型	数据类型
—	EN	IN	BOOL
L0.0	start_button	IN	BOOL
—	—	IN_OUT	—
L0.1	motor	OUT	BOOL

在主程序编辑页面,分别调用以上两个子程序。电机点动/连续运转控制主程序如图 3-11 所示。

从电机点动/连续运转控制这两个例子可以看出,如果被控系统的输入/输出设备的地址发生变化,在图 3-9 中,主程序及子程序中的地址都需要进行修改,而在图 3-11 中只需要修改主程序中设备的地址。显然,带参数的子程序调用更符合结构化程序设计的思想。

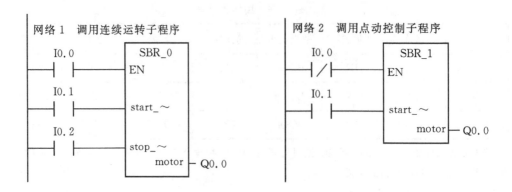

图 3-11　电机点动/连续运转控制的主程序

【例】采用子程序的形式来控制一台交流电机的起/停控制,系统的 I/O 分配为:电机起动按钮(常开):I0.0;停止按钮(常开);I0.1;电机电源接触器:Q0.0。

解:①采用子程序编写电机的起/停控制,则该子程序一定带有参数,且需要 2 个输入参数,1 个输出参数。所以建立子程序 SBR0 后,应先填写局部变量表,见表 3-9。

表 3-9　SBR0 局部变量表

地址	名称	变量类型	数据类型
L0.0	Start	IN	BOOL
L0.1	Stop	IN	BOOL
L2.0	Motor	OUT	BOOL

②填写完局部变量表后,就可以编写应用程序,应采用名称作为指令的操作数。

③在主程序中应一直(采用常闭点 SM0.0)调用子程序 SBR0。具体的主程序及子程序如图 3-12 所示。

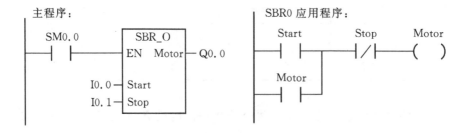

图 3-12　交流电机的起/停控制主程序及子程序

3.4　中断指令

S7-200 设置了中断功能,用于实时控制、高速处理、通信和网络等复杂和特殊的控制任务。中断就是终止当前正在运行的程序,去执行为立即响应的信号而编制的中断服务程序,执行完毕再返回原先被终止的程序并继续运行。与子程序不同,中断是为随机发生的且必须立即响应的时间安排的,其响应时间应小于机器周期。

1. 中断分类和中断程序

引发中断的信号称为中断源,S7-200 系列 PLC 最多有 34 个中断源。S7-200 的 34 个中断源主要分为 3 大类,即通信中断,I/O 中断,时基中断。

(1)通信中断。在自由口通信模式下,用户可以通过接收中断和发送中断来控制串行口通信。可以设置通信的波特率、每个字符位数、起始位、停止位及奇偶校验。

(2)I/O 中断。包括上升沿和下降沿中断、高速计数器中断和脉冲输出中断。上升沿和下降沿中断只能用于 I0.0～I0.3;高速计数器中断可以响应当前值与预制值相等、计数方向的改变、计数器外部复位等事件所引起的中断;高速脉冲输出中断可以响应给定数量脉冲输出完毕所引起的中断。

(3)时基中断。时基中断包括定时中断和定时器中断。定时中断可用来支持一个周期性的活动,周期时间以 1 ms 为计量单位,周期时间范围为 1 ms～255 ms。对于定时中断 0,把周期时间写入 SMB34;对于定时中断 1,把周期时间写入 SMB35。每当达到定时时间值,相关定时器溢出,执行中断处理程序。

定时器中断可以利用定时器来对一个指定的时间段产生中断。这类中断只能使用 1 ms 通电和断电延时定时器 T32 和 T96。当所用定时器的当前值等于预设值时,在主机正常的定时刷新中,执行中断。

中断优先级指多个中断事件同时发出中断请求时,CPU 对各中断源的响应先后次序。优先级高的先执行,优先级低的后执行。中断优先级由高到低的顺序是:通信中断、输入/输出中断、时基中断。在 PLC 中,CPU 按中断源出现的先后次序响应中断请求,某一中断程序一旦执行,就一直执行到结束为止,不会被高优先级的中断事件所打断。CPU 在任一时刻只能执行一个中断程序。

S7-200 系列 PLC 最多有 34 个中断源,见表 3-10。系统为每个中断源都分配了一个编号用以识别,称为中断事件号。

表 3-10 S7-200 的中断源

优先级 分组	组内 优先级	中断事件号	中断事件说明	中断事件 类别
通信中断	0	8	通信口 0：接收字符	通信口 0
	0	9	通信口 0：发送完成	
	0	23	通信口 0：接收信息完成	
	1	24	通信口 1：接收信息完成	通信口 1
	1	25	通信口 1：接收字符	
	1	26	通信口 1：发送完成	
I/O 中断	0	19	PTO 0 脉冲串输出完成中断	脉冲输出
	1	20	PTO 1 脉冲串输出完成中断	
	2	0	I0.0 上升沿中断	外部输入
	3	2	I0.1 上升沿中断	
	4	4	I0.2 上升沿中断	
	5	6	I0.3 上升沿中断	
	6	1	I0.0 下降沿中断	
	7	3	I0.1 下降沿中断	
	8	5	I0.2 下降沿中断	
	9	7	I0.3 下降沿中断	
	10	12	HSC0 当前值＝预置值中断	高速计数器
	11	27	HSC0 计数方向改变中断	
	12	28	HSC0 外部复位中断	
	13	13	HSC1 当前值＝预置值中断	
	14	14	HSC1 计数方向改变中断	
	15	15	HSC1 外部复位中断	
	16	16	HSC2 当前值＝预置值中断	
	17	17	HSC2 计数方向改变中断	
	18	18	HSC2 外部复位中断	
	19	32	HSC3 当前值＝预置值中断	
	20	29	HSC4 当前值＝预置值中断	
	21	30	HSC4 计数方向改变	
	22	31	HSC4 外部复位	
	23	33	HSC5 当前值＝预置值中断	
定时中断	0	10	定时中断 0	定时
	1	11	定时中断 1	
	2	21	定时器 T32 CT＝PT 中断	定时器
	3	22	定时器 T96 CT＝PT 中断	

2. 中断指令格式

中断指令程序格式及功能见表 3－11。

表 3－11　中断程序指令格式及功能

梯形图 LAD	语句表 STL	功能
ATCH EN　ENO INT EVNT	ATCH,INT,EVNT	中断连接
DTCH EN　ENO EVNT	DTCH,EVNT	中断分离
——(DISI)	DISI	中断禁止
——(ENI)	ENI	中断允许
——(RETI)	CRETI	中断条件返回

1）开、关中断指令

开中断（ENI）指令全局性允许所有中断事件。关中断（DISI）指令全局性禁止所有中断事件,中断事件的每次出现均被排队等候,直至使用全局开中断指令重新启用中断。

PLC 转换到 RUN（运行）模式时,中断开始时被禁用,可以通过执行开中断指令,允许所有中断事件。执行关中断指令会禁止处理中断,但是现用中断事件将继续排队等候。

2）中断连接、分离指令

中断连接（ATCH）指令将中断事件（EVNT）与中断程序号码（INT）相连接,并启用中断事件。

分离中断（DTCH）指令取消某中断事件（EVNT）与所有中断程序之间的连接,并禁用该中断事件。

注意:一个中断事件只能连接一个中断程序,但多个中断事件可以调用一个中断程序。

说明:

（1）一个事件只能连接一个中断程序,而多个中断事件可以调用同一个中断程序,但一个中断事件不可能在同一事件建立多个中断程序。

（2）在中断子程序中不能使用 DISI、ENI、HDEF、FOR-NEXT 和 END 指令。

（3）程序中有多个中断子程序时,要分别编号。在建立中断程序时,系统会自动编号,也可以更改编号。

（4）中断程序可以嵌套调用一个子程序,累加器在中断程序和子程序中是共用的。

3. 中断程序

1)中断程序的概念

中断程序是为处理中断事件而事先编好的程序。中断程序不是由程序调用,而是在中断事件发生时由操作系统调用。在中断程序中不能改写其他程序使用的存储器,最好使用局部变量。中断程序实现特定的任务,应"越短越好",中断程序由中断程序号开始,以无条件返回指令(RETI)结束。在中断程序中禁止使用 DISI、ENI、HDEF、LSCR 和 END 指令。

2)建立中断程序的方法

方法一:从"编辑"菜单选择插入(Insert)→中断(Interrupt)。

方法二:在指令树,用鼠标右键单击"程序块"图标并从弹出菜单选择插入(Insert)→中断(Interrupt)。

方法三:在"程序编辑器"窗口,从弹出菜单用鼠标右键单击插入(Insert)→中断(Interrupt)。

程序编辑器从先前的 POU 显示更改为新中断程序,在程序编辑器的底部会出现一个新标记,代表新的中断程序。

【例】编写由 I0.1 的上升沿产生的中断事件的初始化程序。

分析:查表可知,I0.1 上升沿产生的中断事件号为 2。所以在主程序中用 ATCH 指令将事件号 2 和中断程序 0 连接起来,并全局开中断。程序如图 3-13 所示。

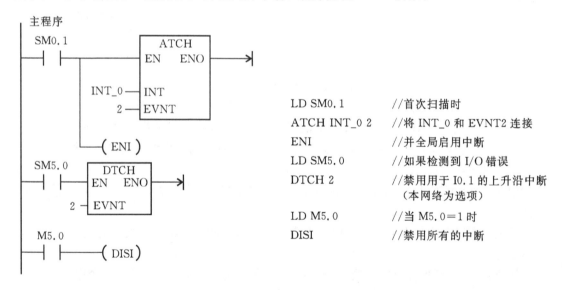

LD SM0.1	//首次扫描时
ATCH INT_0 2	//将 INT_0 和 EVNT2 连接
ENI	//并全局启用中断
LD SM5.0	//如果检测到 I/O 错误
DTCH 2	//禁用用于 I0.1 的上升沿中断 (本网络为选项)
LD M5.0	//当 M5.0=1 时
DISI	//禁用所有的中断

图 3-13　中断初始化梯形图程序

【例】编程完成采样工作,要求每 10 ms 采样一次。

分析:完成每 10 ms 采样一次,需用定时中断,查表 3-10 可知,定时中断 0 的中断事件号为 10。因此在主程序中将采样周期(10 ms)即定时中断的时间间隔写入定时中断 0 的特殊存储器 SMB34,并将中断事件 10 和 INT-0 连接,全局开中断。在中断程序 0 中,将模拟量输入信号读入,程序如图 3-14 所示。

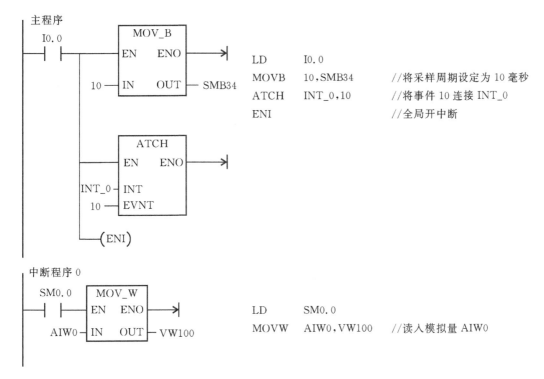

主程序

LD　　　 I0.0
MOVB　 10,SMB34　　　//将采样周期设定为 10 毫秒
ATCH　　INT_0,10　　　//将事件 10 连接 INT_0
ENI　　　　　　　　　 //全局开中断

中断程序 0

LD　　　 SM0.0
MOVW　 AIW0,VW100　　//读入模拟量 AIW0

图 3 - 14　中断采样 10 ms 梯形图程序

3.5　顺控继电器指令

顺控继电器即 SCR,S7-200 系列 PLC 有三条顺控继电器指令,指令格式和功能见表3 - 12。

表 3 - 12　顺控继电器指令格式和功能

梯形图 LAD	语句表 STL	功能
n SCR	LSCR,n	步开始指令,为步开始的标志,该步的状态元件的位置 1 时,执行该步
n (SCRT)	LSCT,n	步转移指令,使能有效时,关断本步,进入下一步。该指令由转换条件的接点起动,n 为下一步的顺序控制状态元件
(SCRE)	SCRE	步结束指令,为步结束的标志

说明:

(1)不能把同一编号的状态元件 S 位用于不同的程序中。例如 S0.2 已经在主程序中使用了,就不能在子程序中使用。

(2)顺控继电器指令 SCR 只对状态元件 S 有效。为了保证程序的可靠运行,驱动状态元件 S 的信号应采用短脉冲;当需要保持输出时,可使用 S/R 指令。

（3）不能在 SCR 段中使用 FOR、NEXT 和 END 指令。

（4）在 SCR 之间不能有跳入和跳出，也就是不能使用 JMP 和 LBL 指令。

（5）当需要把执行动作转为从初始条件开始再次执行时，需要复位所有状态，包括初始状态。

【例】将图 3-15 所示功能图转换为梯形图，其梯形图程序及语句表如图 3-16 所示。

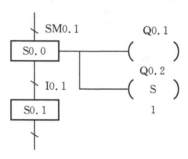

图 3-15　功能图

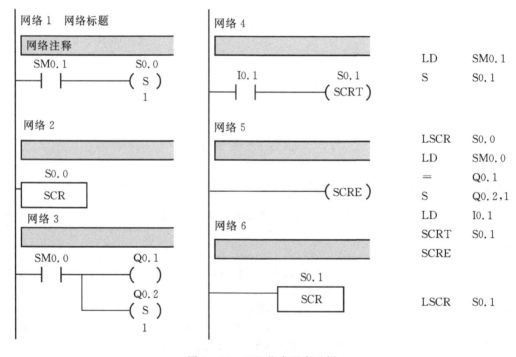

图 3-16　SCR 指令程序示例

【例】红绿灯循环点亮控制。红绿灯循环点亮控制要求：按下启动按钮，红灯点亮 1 s 后熄灭，同时绿灯点亮；绿灯点亮 1 s 后熄灭，再点亮红灯，不断循环直至按下停止按钮。

解：（1）绘制顺序功能图，根据控制要求绘制红绿灯循环点亮的顺序功能图，如图 3-17 所示。当 PLC 上电时将激活初始步 S0.0，按下启动按钮（I0.0），激活 S0.1，进入第一步工作状态，该状态点亮红灯（Q0.1 得电）。同时启动定时器 T37，T37 定时时间到后，转换条件满足，结束 S0.1，激活 S0.2，进入下一步工作状态。点亮绿灯（Q0.2 得电），启动定时器 T38，T38 定时时间到后,再次激活 S0.1,不断循环执行。直到按下停止按钮(I0.1),复位 S0.1、S0.2 并激活 S0.0,为下次循环点亮红绿灯做准备。

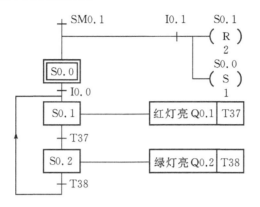

图 3 - 17　顺序功能图

(2)编制梯形图程序:根据控制要求使用顺序控制继电器指令编写梯形图程序,如图3 - 18所示。图中程序分为四段,一是初始化及停止控制;二是启动控制;三是红灯控制;四是绿灯控制。红、绿灯控制段为典型的顺序控制继电器程序。

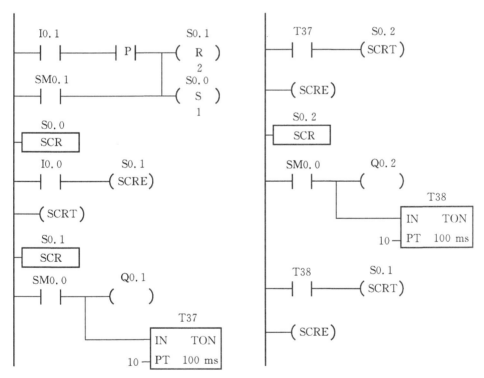

图 3 - 18　顺序控制继电器编程举例

习题与思考题

1. 程序控制指令包括哪些？

2. 用跳转指令编程来控制两只灯,灯分别接于 Q0.0、Q0.1。控制要求如下：

(1)要求能实现自动与手动控制的切换,切换开关接于 I0.0,若 I0.0 为 OFF 则为手动操作,若 I0.0 为 ON,则切换到自动运行。

(2)手动控制时,能分别用一个开关控制它们的启停,两个灯的启停开关分别为 I0.1、I0.2。

(3)自动运行时,两只灯能每隔 1 s 交替闪亮。

3. 用循环指令完成 S＝1＋2＋3＋…＋100,并将求和结果放在 VW100 中。

4. 在 STEP 7-Micro/WIN 编程软件中可以采用哪些方法建立子程序？

5. 采用子程序的形式来控制一台交流电机的起/停控制,系统的 I/O 分配为:电机启动按钮(常开),I0.0;停止按钮(常开),I0.1;电机电源接触器,Q0.0。

第4章 S7-200 高速计数器和高速脉冲输出

4.1 高速计数器

4.1.1 高速计数器指令

所谓高速计数器顾名思义是用于采集频率较高的输入信号。如果采用普通的 I 口输入，因为扫描周期的存在会造成信息丢失。规模较小的程序扫描周期也会在 10 ms 左右，因此超过 100 Hz 的信息一定会丢失。而高速计数器的最高采集频率为 200 kHz，不受 PLC 扫描周期的影响，大大拓展了 PLC 的应用范围。高速计数器是一个比较重要的内容，后期将会经常用到，本节将对高速计数器的基本内容做个了解。

高速计数器同时可以触发中断事件，能够根据需要及时对数据进行处理，提高程序的实时性和灵活性。高速计数器经常被用于检测距离，或采集旋转运动的旋转频率，例如伺服电机的 Z 脉冲反馈，如果伺服电机额定转速 6000 r/min，Z 脉冲频率为 100 Hz，采用普通的开关量采集肯定会造成数据丢失。

4.1.2 高速计数器指令格式

在 S7-200 的 CPU22X 中，高速计数器数量及其地址编号如表 4-1 所示。

表 4-1 高速计数器数量及其地址编号

CPU 类型	CPU221	CPU222	CPU224	CPU226
高速计数器数量	4		6	
高速计数器编号	HC0,HC3~HC5		HC0~HC5	

高速计数器指令格式和功能如表 4-2 所示。

说明：

（1）HDEF 有两个输入端：HSC 为要使用的高速计数器编号，数据类型为字节型，数据范围为 0~5 的常数，分别对应 HC0~HC5；MODE 为高速计数的工作模式，数据类型为字节型，数据范围为 0~11 的常数，分别对应 12 种工作模式。当准许输入使能 EN 有效时，为指定的高速计数器 HSC 定义工作模式 MODE。

（2）HSC 确定的控制方式和工作状态，使高速计数器的设置生效，按照指令的工作模式执行计数操作。它有一个数据输入端 N 为高速计数器的编号，数据类型为字型，数据范围为 0~5 的常数，分别对应高速计数器 HC0~HC5。当准许输入 EN 使能有效时，启动 N 号高速计数器工作。

表 4-2　高速计数器指令格式和功能表

梯形图 LAD	语句表 STL	功能
HDEF EN　ENO HSC MODE	HDEF	高速计数器定义指令,选定工作模式
HSC EN　ENO N	HSC	高速计数器指令,根据高速计数器控制位的状态和安装 HDEF 指令指定的工作模式,激活高速计数器

4.1.3　高速计数器的输入端

高速计数器的输入端不像普通输入端那样由用户定义,而是由系统指定的输入点输入信号,每个高速计数器对它所支持的脉冲输入端、方向控制、复位和启动都有专用的输入点,通过比较或中断完成预定的操作。高速计数器专用的输入点表如表 4-3 所示。

表 4-3　高速计数器的输入点表

高速计数器标号	输入点	高速计数器标号	输入点
HC0	I0.0、I0.1、I0.2	HC3	I0.1
HC1	I0.6、I0.7、I1.0、I1.1	HC4	I0.3、I0.4、I0.5
HC2	I1.2、I1.3、I1.4、I1.5	HC5	I0.4

4.1.4　高速计数器的控制字节

每一个高速计数器都有一个控制字节,该字节的每一位都反映了这个计数器的工作状态,系统为每个高速计数器都安排了一个特殊寄存器 SMB 作为控制字,也可通过对控制字节指定设置,确定高速计数器的工作模式。S7-200 在执行 HSC 指令前,首先要检查与每个高速计数器相关的控制字节,在控制字节中设置了启动输入信号和复位输入信号的有效电平,正交计数器的计数倍率。计数方向采用内部控制的有效电平,是否允许改变计数方向,是否允许更新设定值,是否允许更新当前值,以及是否允许执行高速计数指令,高速控制字节表如表4-4所示。

表 4 - 4　高数计数器的控制字节表

HC0	HC1	HC2	HC3	HC4	HC5	描述
SM37.0	SM47.0	SM57.0	—	SM147.0	—	复位输人控制电平有效值： 0＝高电平有效,1＝低电平有效
—	SM47.1	SM57.1	—	—	—	启动输入控制电平有效值： 0＝高电平有效,1＝低电平有效
SM37.2	SM47.2	SM57.2	—	SM147.2	—	倍率选择:0＝4 倍率,1＝1 倍率
SM37.3	SM47.3	SM57.3	SM137.3	SM147.3	SM157.3	计数方向控制:0 为减,1 为增
SM37.4	SM47.4	SM57.4	SM137.4	SM147.4	SM157.4	改变计数方向控制:0＝不改变 1＝准许改变
SM37.5	SM47.5	SM57.5	SM137.5	SM147.5	SM157.5	改变设定值控制:0＝不改变 1＝准许改变
SM37.6	SM47.6	SM57.6	SM137.6	SM147.6	SM157.6	改变当前值控制:0＝不改变 1＝准许改变
SM37.7	SM47.7	SM57.7	SM137.7	SM147.7	SM157.7	高速计数控制:0＝禁止计数 1＝准许计数

说明：

(1)高速计数器有 12 种不同的工作模式(0~11),分为 4 类。每个高速计数器都有多种工作模式,可以通过编程的方法使用定义高速计数器指令 HDEF 来选定工作模式。

(2)在高速计数器的 12 种工作模式中,模式 0、模式 3、模式 6 和模式 9 是既无启动输入,又无复位输入的计数器。模式 1、模式 4、模式 7 和模式 10 是只有复位输入,而没有启动输入的计数器;模式 2、模式 5、模式 8 和模式 11,是既有启动输入,又有复位输入的计数器。

(3)当启动输入有效时,允许计数器计数;当启动输入无效时,计数器的当前值保持不变;当复位输入有效时,将计数器的当前值寄存器清零;当启动输入无效,而复位输入有效时,则忽略复位的影响,计数器的当前值保持不变;当复位输入保持有效,启动输入变为有效时,则将计数器的当前值寄存器清零。

(4)在 S7-200 中,系统默认的复位输入和启动输入均为高电平有效,正交计数器为 4 倍频。如果想改变系统的默认设置,需要设置如上表 4 - 4 中的特殊继电器的第 0、1、2 位。

4.1.5　当前值寄存器和设定值寄存器

除了定义控制字节,我们还要设置初始值和预设值。每个高速计数器都有一个 32 位初始值和一个 32 位预设值,如果我们要向高速计数器载入新初始值和预设值,就必须设置初始值和预设值的特殊内存字节,然后执行 HSC 指令,才能将新数值写入到高速计数器中。高速计数器的当前值和设定值如下表 4 - 5 所示。

表 4 - 5　高速计数器的当前值和设定值

HC0	HC1	HC2	HC3	HC4	HC5	说明
SMD38	SMD48	SMD58	SMD138	SMD148	SMD158	新当前值
SMD42	SMD52	SMD62	SMD142	SMD152	SMD162	新设定值

使用高速计数器是有流程的,第一,定义控制字节;第二,是否有初始值,有初始值的要设置初始值的特殊内存字节;第三,是否有预设值,有预设值的要设置预设值的特殊内存字节;第四,定义高速计数模式和选择高速计数器;第五,激活高速计数器。要注意的是在使用高速计数器时,只需要接通一个扫描周期就可以了。

4.1.6 高速计数器的初始化

由于高速计数器的 HDEF 指令在进入 RUN 模式后只能执行 1 次,为了减少程序运行时间优化程序结构,一般以子程序的形式进行初始化。下面以 HC2 为例,介绍高速计数器的各个工作模式的初始化步骤。

(1)利用 SM0.1 来调用一个初始化子程序。

(2)在初始化子程序中,根据需要向 SMB57 装入控制字。例如,SMB57=16#F8,其意义是:准许写入新的当前值,准许写入新的设定值,计数方向为增计数,启动和复位信号为高电平有效。

(3)执行 HDEF 指令,其输入参数为:HSC 端为 2(选择 2 号高速计数器),MODE 端为 0/1/2(对应工作模式 0,模式 1,模式 2)。

(4)将希望的当前技术值装入 SMD58(装入 0 可进行计数器的清零操作)。

(5)将希望的设定值装入 SMD62。

(6)如果希望捕获当前值等于设定值的中断事件,编写与中断事件号 16 相关联的中断服务程序。

(7)如果希望捕获外部复位中断事件,编写与中断事件号 18 相关联的中断服务程序。

(8)执行中断允许 ENI 指令。

(9)执行 HSC 指令。

(10)退出初始化子程序。

4.1.7 高速计数器应用举例

【例】要对一高速脉冲信号进行增/减计数,计数当前值达到 1200 产生中断,计数方向用一个外部信号控制,所用的主机型号为 CPU224,请对高速计数器进行初始化。

解:(1)选择计数器及工作模式

本控制要求是带外部方向控制的单相增/减计数,因此可用的高速计数器可以是 HSC0、HSC1、HSC2 或 HSC4 中任何一个。如果确定为 HSC0,由于不要求外部复位,所以应选择工作模式 3。同时也确定了各个输入点:I0.0 为计数脉冲的时钟输入;I0.1 为外部方向控制(I0.1=0,则为减计数;I0.1=1,则为增计数)。

(2)设置控制字节

每个高速计数器都对应一个控制字节,通过对控制字节中指定位的编程,可以根据操作要求设置字节中各控制位,如复位与启动输入信号的有效状态、计数速率、计数方向、允许更新双字值和允许执行 HSC 指令等。SMB 的前 3 位(0、1 和 2 位)只有在 HDEF 指令执行时进行设置,第 3 位和第 4 位可以在工作模式 0、1 和 2 下直接更改,以单独改变计数方向。后 3 位可以在任何模式下在程序中更改,以单独改变计数器的当前值、预设值或对 HSC 禁止计数。

本例中,在选择用 HSC0 的工作模式 3 之后,对应的控制字节为 SMB37,如果向 SMB37 写入 2#11111000,即 16#F8,则对 HSC0 的功能设置为:复位与启动输入信号都是高电位有效、计数方向为增计数、允许更新双字值和允许执行 HSC 指令。

（3）执行 HDEF 指令

本例中，执行 HDEF 指令时，HSC 的输入值为 0，MODE 的输入值为 3，指令如下：

$$\text{HDEF } 0, \qquad 3$$

（4）设定当前值和预设值

每个高速计数器都对应一个双字长的当前值和一个双字长的预设值，两者都是有符号整数。当前值随计数脉冲的输入不断变化，运行时当前值可以由程序直接读取 HCn 得到，n 为高速计数器编号，如 HC0。

本例中，选用 HSC0，所以对应的当前值和预设值分别存放到 SMD38 和 SMD42 中。如果希望从 0 开始计数，计数值达到 12 时产生中断。则可以用双字传送指令分别将 0 和 12 装入 SMD38 和 SMD42 中。

（5）设置中断事件并全局开中断

高速计数器利用中断方式对高速事件进行精确控制。

本例中，用 HSC0 进行计数，要求在当前值等于预设值时产生中断。因此，中断事件是当前值等于预设值，中断事件号为 10。用中断调用 ATCH 指令将中断事件号 10 和中断子程序（假设中断子程序编号为 INT0）连接起来，并全局开中断。

指令如下：　　　　　　　　　　ATCH　　INT0,10
　　　　　　　　　　　　　　　　ENI

（6）执行 HSC 指令

以上设置完成并用指令实现之后，即可用 HSC 指令对高速计数编程进行计数。本例中指令如下：

$$\text{HSC} \qquad 0$$

以上 6 步是对高速计数器的初始化，可以用主程序中的程序段来实现，也可以用子程序来实现，称为高速计数器初始化子程序。高速计数器在投入运行之前，必须要执行一次初始化操作。初始化脉冲可以用外加脉冲信号，也可以使用系统特殊标志存储器位中的 SM0.1 位（初次扫描位）。

【例】某产品包装生产线用高速计数器对产品进行累计和包装，每检测 1000 个产品时，自动启动包装机进行包装，计数方向可由外部信号控制，梯形图程序设计如图 4-1 所示。

程序设计思路分析：

（1）选择高速计数器，确定工作模式

在本例中，选择的高速计数器为 HC0，由于要求技术方向可由外部信号控制，而其不要复位信号输入，确定工作模式为模式 3，采用当前值等于设定值时中断事件，中断事件号为 12，启动包装机工作子程序，高速计数器的初始化采用子程序。

（2）用 SM0.1 调用高速计数器初始化子程序，子程序号为 SBR_0。

（3）向 SMB37 写入控制字 SMB37＝16♯F8。

（4）执行 HDEF 指令，输入参数：HSC 为 0，MODE 为 3。

（5）向 SMD38 写入当前值，SMD38＝0。

（6）向 SMD42 写入设定值。SMD42＝1000。

（7）执行建立中断连接指令 ATCH，输入参数：INT 为 INT-0，EVNT 为 12。

（8）编写中断服务程序 INT0，在本例中为调用包装机控制子程序，子程序号为 SBR_1。

（9）执行全局开中断指令 ENI。

（10）执行 HSC 指令，对高速计数器编程并投入运行。

MAIN

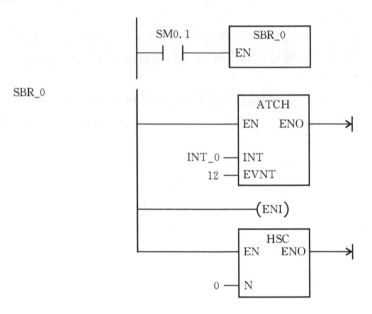

SBR_0

SBR_1 包装机控制程序（略）

INT_0

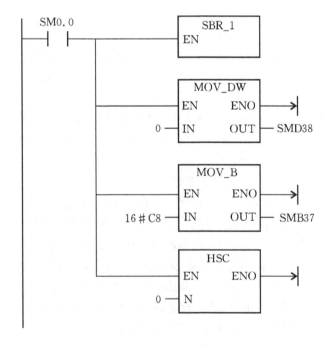

图 4-1　高速计数器梯形图程序

4.2　高速脉冲输出

在需要对负载进行高精度控制时,如对步进电机的控制,需要对步进电机提供一系列的脉冲,高速脉冲输出指令就是为满足这种需求开发的。

在 S7-200 系列 PLC 中,只有晶体管输出类型 CPU 的两个输出点 Q0.0 和 Q0.1 可作为 PTO/PWM 输出使用,不用高速脉冲时,作普通的数字量输出点用。高速脉冲输出有两种形式:PTO 可以输出一串脉冲(占空比 50%),用户可以控制脉冲的周期和个数;PWM 可以输出连续的、占空比可调的脉冲串,用户可以控制脉冲的周期和脉宽。

PTO/PWM 发生器与过程映像寄存器共用 Q0.0 和 Q0.1。当在 Q0.0 或 Q0.1 上激活 PTO 或 PWM 功能时,PTO/PWM 发生器对输出拥有控制权,同时普通输出点功能被禁止。输出波形不受过程映像区状态、输出点强制值或者立即输出指令执行的影响。当不使用 PTO/PWM 发生器功能时,对输出点的控制权交回到过程映像寄存器。

4.2.1　高速脉冲输出指令形式

高速脉冲输出指令格式和功能如表 4-6 所示。

表 4-6　高速脉冲输出指令格式和功能

梯形图 LAD	语句表 STL	功能
PLS EN　　ENO Q0.X	PLS	PTO 或 PWM 输出

说明:

(1)当 EN 端有效时,指令检测各相关特殊功能寄存器的状态,根据定义的控制字节执行高速脉冲输出操作。

(2)脉冲输出指令(PLS)用于在高速输出(Q0.0 和 Q0.1)上控制脉冲串输出(PTO)和脉宽调制(PWM)功能。

(3)S7-200 PLC 有两个 PTO/PWM 发生器,它们可以产生一个高速脉冲串或者一个脉宽调制波形。

4.2.2　与高速脉冲输出指令有关的特殊功能寄存器

在 S7-200 系列 PLC 中,每路 PTO/PWM 发生器都对应一定数量的特殊功能寄存器,这些寄存器包括控制字节寄存器、状态字节寄存器和参数数值寄存器,用以控制高速脉冲的输出形式及反映输出状态和参数,各寄存器分配如表 4-7 所示。

表 4-7　与高速脉冲输出指令相关寄存器表

Q0.0 的寄存器	Q0.1 的寄存器	名称及功能描述
SMB66	SMB76	状态字节,在 PTO 方式下,跟踪脉冲串的输出状态
SMB67	SMB77	控制字节,控制 PTO/PWM 脉冲输出基本功能
SMB68	SMB78	周期值,字型,PTO/PWM 周期值,范围:2~65535
SMB70	SMB80	脉宽值,字型,PWM 的脉宽值,范围:0~65535
SMB72	SMB82	脉冲数,双字型,PTO 的脉冲数,范围:1~4294967295
SMB166	SMB176	段数,多段管线 PTO 进行中的段数
SMB168	SMB178	偏移地址,多段管线 PTO 包络表的起始字节的偏移地址

（1）状态字节。每个高速脉冲输出都有一个状态字节,程序运行时根据运行状况自动使某些位置 1,可以通过程序来读相关位的状态,用以作为判断条件实现相应的操作。状态字节中各状态位的功能如表 4-8 所示。

表 4-8　状态字节表

状态位	SM×6.0~SM×6.3	SM×6.4	SM×6.5	SM×6.6	SM×6.7
功能描述	不用	PTO 包络因计算机错误终止: 0—无错; 1—终止	PTO 包络因用户名命令终止: 0—无错; 1—终止	PTO 管线溢出; 0—无溢; 1—溢出	PTO 空闲: 0—执行中; 1—空闲

（2）控制字节。每个高速脉冲输出都对应一个控制字节,通过对控制字节中指定位的编程,可以根据操作要求设置字节中各控制位,如脉冲输出允许、PTO/PWM 模式选择、单段/多段选择、更新方式、时间基准、允许更新等。Q0.0 和 Q0.1 控制字节中各控制位的功能如表 4-9 所示。

表 4-9　控制字节中各控制位的功能

控制位	控制位	功能描述
SM67.0	SM77.0	PTO/PWM 更新周期值允许:0—不更新;1—允许更新
SM67.1	SM77.1	PWM 更新脉冲宽度值允许:0—不更新;1—允许更新
SM67.2	SM77.2	PTO 更新脉冲宽度值允许:0—不更新;1—允许更新
SM67.3	SM77.3	PTO/PWM 时间基准选择:0—μs 单位时基;1—μs 单位时基
SM67.4	SM77.4	PWM 更新方式:0—异步更新;1—同步更新
SM67.5	SM77.5	PTO 单/多段方式:0—单端管线;1—多段管线
SM67.6	SM77.6	PTO/PWM 模式选择:0—选用 PTO 模式;1—选用 PWM 模式
SM67.7	SM77.7	PTO/PWM 脉冲输出允许:0—禁止;1—允许

4.2.3　编程中的脉冲串输出指令

1. PLS 指令

1)周期和脉冲数

(1)周期。输出脉冲的周期以微秒(μs)或毫秒(ms)为增量单位;周期变化范围是 10～65535 μs 或 2～65535 ms,如果编程时设定周期单位小于 2,系统默认按 2 进行设置。通常应设定周期值为偶数,若设置为奇数,则会引起输出波形占空比的轻微失真。

(2)脉冲数:用双字长无符号数表示,脉冲数取值范围在 1～4294967295 之间。如果编程时指定脉冲数为 0,则系统默认脉冲数为 1 个。

2)PTO 的种类

PTO 方式中,如果要输出多个脉冲串,允许脉冲串进行排队,形成管线。当前输出的脉冲串完成之后,立即输出新脉冲串,这样保证了脉冲串顺序输出的连续性。

(1)单段管线。在单段管线模式,需要为下一个脉冲串更新特殊寄存器。一旦启动了起始 PTO 段,就必须按照第二个波形的要求改变特殊寄存器,并再次执行 PLS 指令。第二个脉冲串的属性在管线中一直保持到第一个脉冲串发送完成。在管线中一次只能存储一段脉冲串的属性。当第一个脉冲串发送完成时,接着输出第二个波形,此时管线可以用于下一个新的脉冲串。

单段管线的各段脉冲串可以采用不同的时间基准,但有可能造成脉冲串之间的不平稳过渡。输出多个高速脉冲串时,编程复杂,所以一般选用多段管线模式。

(2)多段管线。在多段管线模式,CPU 自动从 V 存储器区的包络表中读出每个脉冲串的特性。在该模式下,仅使用特殊存储器区的控制字节和状态字节。选择多段操作,必须装入包络表在 V 存储器中的起始地址偏移量(SMW168 或 SMW178)。时间基准可以选择微秒或者毫秒,但是,在包络表中的所有周期值必须使用同一个时间基准,而且在包络正在运行时不能改变。执行 PLS 指令来启动多段操作。

包络表由包络段数和各段构成。每段记录的长度为 8 个字节,由 16 位周期值、16 位周期增量值和 32 位脉冲计数值组成。以包络 3 段的包络表为例,包络表的结构如表 4-10 所示。

可以通过编程的方式使脉冲的周期自动增减。在周期增量处输入一个正值将增加周期;输入一个负值将减少周期;输入 0 将不改变周期。

当 PTO 包络执行时,当前启动的段编号保存在 SMB166(或 SMB176)。

表 4-10　包络表格式

字节偏移地址	名称	描述
VBn	段标号	段数:1～255,0 产生非致命性错误,不产生 PTO 输出
VWn+1		初始周期,取值范围:2～65535
VWn+3	段 1	每个脉冲周期增量,符号整数,取值范围:−32768～+32768
VDn+5		输出脉冲数:1～4294967295 之间

字节偏移地址	名称	描述
VWn+9	段2	初始周期,取值范围:2～65535
VWn+11		每个脉冲周期增量,符号整数,取值范围:−32768～+32768
VDn+13		输出脉冲数:1～4294967295之间
VWn+17	段3	初始周期,取值范围:2～65535
VWn+19		每个脉冲周期增量,符号整数,取值范围:−32768～+32768
VDn+21		输出脉冲数:1～4294967295之间

3)中断事件类型

高速脉冲串输出可以采用中断方式进行控制,各种型号的PLC可用的高速脉冲串输出的中断事件有两个,如表4-11所示。

表4-11　中断操作

中断事件号	事件描述	优先级(在I/O中断)
19	PTO 0高速脉冲输出完成中断	0
20	PTO 1高速脉冲输出完成中断	1

4)PTO的使用

使用高速脉冲串输出时,要按以下步骤进行:确定脉冲发生器及工作模式,设置控制字节,写入周期值、周期增量值和脉冲数,装入包络的首地址,设置中断事件并全局开中断,执行PLS指令。

2. 宽度可调脉冲输出PWM

PWM产生一个占空比变化周期固定的脉冲输出,可以以微秒或者毫秒为单位指定其周期和脉冲宽度。

1)周期和脉冲宽度

(1)周期:10～65535 μs 或 2～65535 ms。

(2)脉宽:0～65535 μs 或 0～65535 ms。

2)更新方式

(1)同步更新。如果不需要改变时间基准,就可以进行同步更新。利用同步更新,波形特性的变化发生在周期边沿,提供平滑转换。

(2)异步更新。PWM的典型操作是当周期时间保持常数时变化脉冲宽度,所以,不需要改变时间基准。但是,如果需要改变PTO/PWM发生器的时间基准,就要使用异步更新。异步更新会造成PTO/PWM功能被瞬时禁止,与PWM波形不同步,这会引起被控设备的振动。由于这个原因,建议采用PWM同步更新,选择一个适合于所有周期时间的时间基准。

控制字节中的 PWM 更新方式位(SM67.4 或 SM77.4)用于指定更新方式。当 PLS 指令执行时变化生效。

如果改变了时间基准,会产生一个异步更新,而与 PWM 更新方式位的状态无关。

PTO/PWM 发生器的多段管线功能在许多应用中非常有用,尤其在步进电机控制中。步进电机在启动和停止时有一个加速及减速过程,且加速度越小则冲击越小,动作越平稳。所以,步进电机工作时一般要经历这样一个变化过程:加速—恒速(高速)—减速—恒速(低速)—停止。步进电机转速与脉冲频率成正比,所以输入步进电机的脉冲频率也要经过一个类似变化过程。结合下面的例子来进一步分析和说明。

【例】某步进电机转动过程中,要从 A 点加速到 B 点后恒速运行,又从 C 点开始减速到 D 点,完成这一过程时用指示灯显示。电机的转动受脉冲控制,A 点和 D 点的脉冲频率为 2 kHz,B 点和 C 点的频率为 10 kHz,加速过程的脉冲数为 400 个,恒速转动的脉冲数为 4000 个,减速过程脉冲数为 200 个。工作过程如图 4-2 所示。

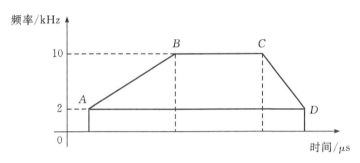

图 4-2　步进电机工作过程

(1)分析

①确定脉冲发生器及工作模式,选择 Q0.0 输出,选择 3 段管式 PTO 的输出形式。设置控制字节,选择的时基单位为 μs,向控制字节写入控制字。

②确认并写入周期值、周期增量值和脉冲数,由每段的初始频率可得初始周期,某一段每个脉冲周期增量值 △ 用下式确定:周期增量值 △=(该段结束时的周期时间－该段初始的周期时间)/该段的脉冲数。用该式计算出 1 段的周期增量值 △ 为－2 μs,2 段的周期增量值 △ 为 0,3 段的周期增量值 △ 为 1 μs。

③装入包络表首地址,假设包络表位于从 VB400 开始的 V 存储区中,这里选择的首地址为 VB400。

④中断调用,设置中断事件并全局开中断。如果想在 PTO 完成后,立即执行相关功能,则需设置中断,将脉冲串完成事件(中断事件号 19)连接一中断程序。

⑤执行 PLS 指令,使 S7-200 为 PTO 发生器编程,高速脉冲串由 Q0.0 输出。

(2)程序实现

本控制系统主程序如图 4-3 所示。初始化子程序 SBR-1 如图 4-4 所示。包络表子程序 SBR_0 如图 4-5、4-6 所示,中断程序 INT_0 如图 4-7 所示。

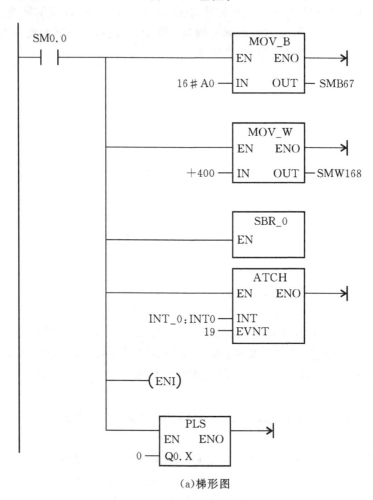

LD   SM0.1   //初次扫描

R   Q0.0,1   //复位高速脉冲,使初值为低电位

CALL   SBR_1   //调用初始化子程序 SBR_1

(a)梯形图   (b)语句表

图 4-3   主程序

(a)梯形图

```
LD        SM0.0              //运行脉冲
MOVB      16#A0,SMB67        //设置控制字节
                            //多段 PTO
                            //增量单位 ms
                            //允许 PTO
MOVW      +400,SMW168        //装入包络表的首地址
CALL      SBR_0              //调用子程序
                            //建立包络表子程序 SBR_0
ATCH      INT_0,19           //中断连接事件号 19
ENI                         //开全局中断
PLS       0                 //启动 PTO 脉冲
                            //由 Q0.0 输出
```

(b)语句表

图 4-4　初始化子程序 SBR_1

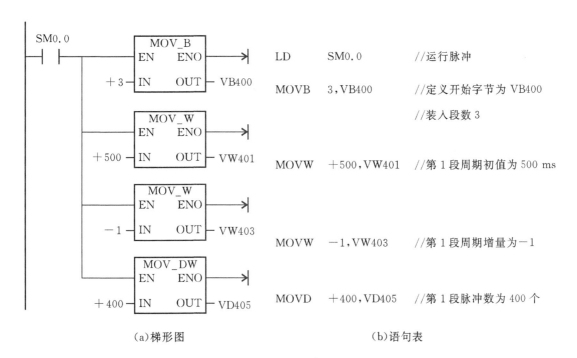

(a)梯形图　　　　　　　　　　　　(b)语句表

图 4-5　包络表子程序 SBR_0(1)

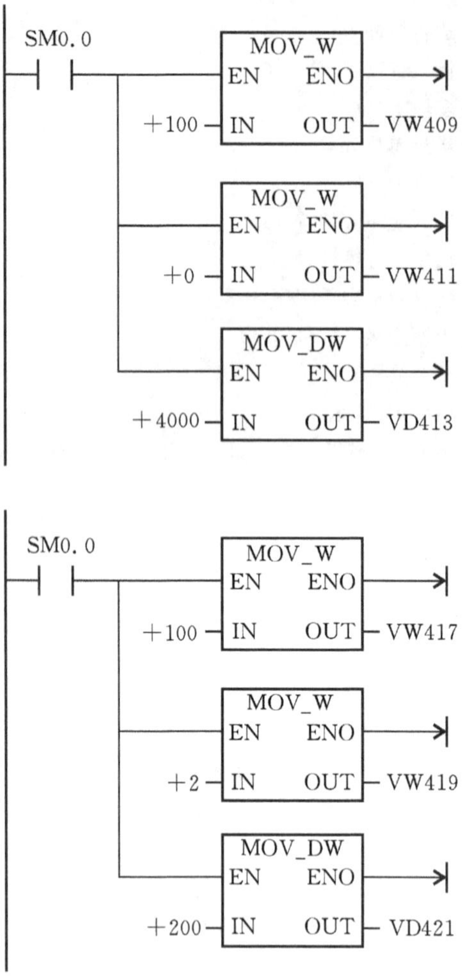


```
LD    SM0.0
MOVW  +100,VW409     //第 2 段周期初值为 100 ms
MOVW  0,VW411        //第 2 段周期增量为 0
MOVD  +4000,VD413    //第 2 段脉冲数为 4000 个

LD    SM0.0
MOVW  +100,VW417     //第 3 段周期初值为 100 ms
MOVW  +2,VW411       //第 3 段周期增量为 2
MOVD  +200,VD421     //第 3 段脉冲数为 200 个
```

(a)梯形图　　　　(b)语句表

图 4-6　包络表子程序 SBR_0(2)

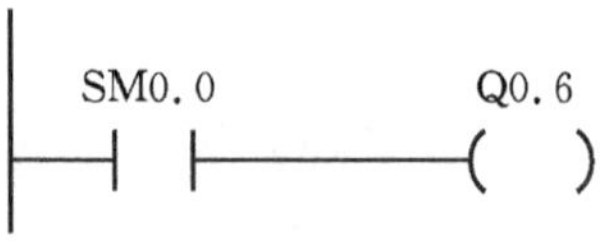


```
LD    SM0.0    //运行脉冲
=     Q0.6     //脉冲串全部输出完成后将 Q0.6 置 1
```

(a)梯形图　　　　(b)语句表

图 4-7　中断程序 INT_0

【例】要求采用同步更新方式在 Q0.1 上输出脉冲宽度调制波,允许脉宽由 10%到 50%变化。设计的主程序如图 4-8(a)所示,初始化子程序如图 4-8(b)所示,脉宽设定值改变的子程序如图 4-8(c)所示。

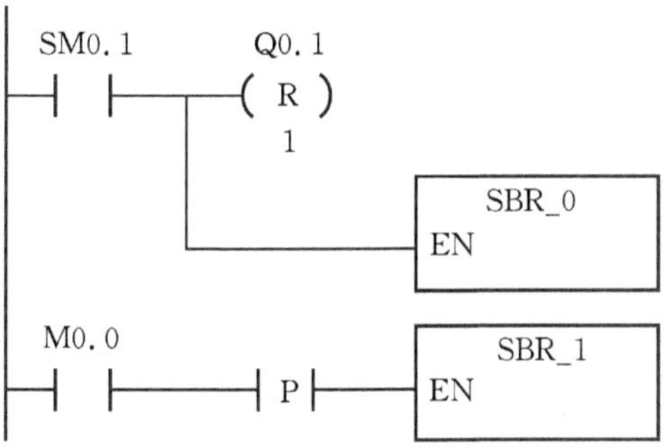

```
SM0.1      Q0.1                    LD        SM0.1   //首次扫描时,将映像寄存器
├┤  ├┤  ─( R )─                                       位设为低,并调用 SBR_0
              1
                    ┌────────┐     R         Q0.1 1
                    │  SBR_0 │     CALL      SBR_0
                    │ EN     │     LD        M0.0    //脉宽更改为 50%,由 M0.0 设置
                    └────────┘
M0.0                ┌────────┐     EU        M0.0
├┤  ├┤  ─┤P├─       │  SBR_1 │
                    │ EN     │     CALL SBR_1 占空比
                    └────────┘
```

（a）主程序

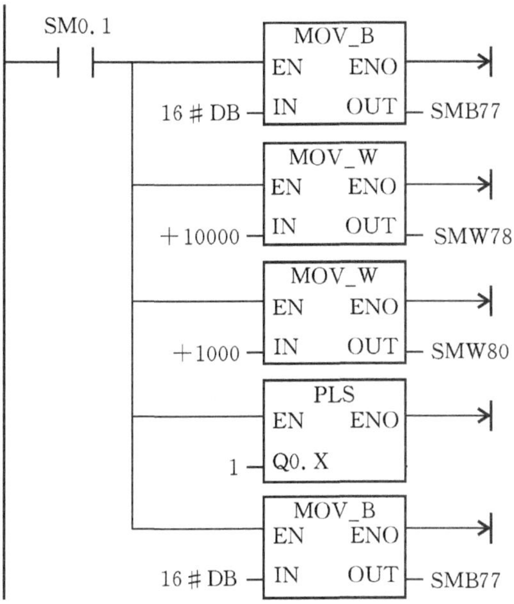

```
SM0.1        ┌──────────┐
├┤  ├┤       │  MOV_B   │──→
             │ EN   ENO │         LD        SM0.0
    16#DB ─┤ IN    OUT ├─ SMB77   MOVB      16#DB SMB77   //设置控制字节
             └──────────┘
             ┌──────────┐
             │  MOV_W   │──→
             │ EN   ENO │
   +10000 ─┤ IN    OUT ├─ SMW78   MOVW     +10000 SMW78   //将周期设为 10000 ms
             └──────────┘
             ┌──────────┐
             │  MOV_W   │──→
             │ EN   ENO │
    +1000 ─┤ IN    OUT ├─ SMW80   MOVW     +1000 SMW80    //将脉宽设为 10000 ms
             └──────────┘
             ┌──────────┐
             │   PLS    │──→
             │ EN   ENO │         PLS       1             //激活 PWM 操作:
        1 ─┤ Q0.X     │                                    PLS1=>Q0.1
             └──────────┘
             ┌──────────┐
             │  MOV_B   │──→
             │ EN   ENO │         MOVB     16#DA SMB77    //重新装载控制字节,
    16#DB ─┤ IN    OUT ├─ SMB77                            由于之后的脉宽改动
             └──────────┘
```

（b）子程序

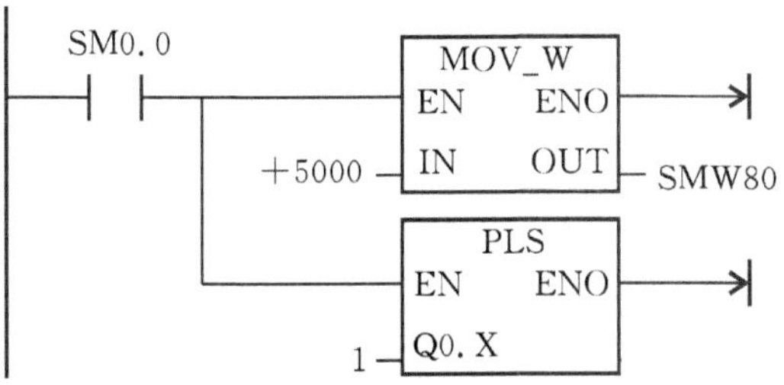

```
SM0.0        ┌──────────┐
├┤  ├┤       │  MOV_W   │──→
             │ EN   ENO │         LD        SM0.0         //子程序开始
    +5000 ─┤ IN    OUT ├─ SMW80   MOVW     +5000 SMW80    //脉冲宽度为 50000 ms
             └──────────┘
             ┌──────────┐
             │   PLS    │──→
             │ EN   ENO │         PLS       1             //脉宽改动
        1 ─┤ Q0.X     │
             └──────────┘
```

（c）脉宽设定值改变的子程序

图 4-8　PWM 应用

习题与思考题

1.高速计数器与普通计数器的区别是什么？高速计数器可以应用到哪些场合？

2.简述高速计数器的初始化步骤。

3.某产品包装生产线用高速计数器对产品进行累计和包装,每检测 100 个产品时,自动启动包装机进行包装,请设计其梯形图程序?

4.按下启动按钮 I0.3,Q0.0 输出,电机正转,高速计数器计到 50 个脉冲后电机停止,过 5 s后 Q0.1 输出,电机反转,计数器计到 50 个脉冲后电机停止,过 5 s 后又开始电机的正转,如此循环,用高速计数器指令实现。

第二篇　应用篇

第 5 章　基本指令控制应用

为了对 PLC 控制系统设计有更加具体的认识,本节将通过对液体搅拌机控制、水塔水位控制、除尘室控制、十字路口红绿灯控制、机械手控制等多个综合应用案例的介绍与学习,使学生逐步掌握 S7-200 PLC 控制系统的设计与调试。

5.1　PLC 控制系统的设计

5.1.1　PLC 控制系统的设计原则

在了解了 PLC 的基本工作原理和指令系统之后,可以结合实际进行 PLC 的设计。PLC 的设计包括硬件设计和软件设计两部分,PLC 设计的基本原则是:

(1)完整性原则。最大限度地满足工业生产过程或机械设备的控制要求。充分发挥 PLC 的控制功能,最大限度地满足被控制的生产机械或生产过程的控制要求。

(2)可靠性原则。确保计算机控制系统的可靠性。

(3)经济性原则。力求控制系统简单、实用、合理。

(4)发展性原则。适当考虑生产发展和工艺改进的需要,在 I/O 接口、通信能力等方面要留有余地。

5.1.2　PLC 控制系统的设计步骤

PLC 控制系统设计的一般步骤如图 5-1 所示,由图可知,PLC 控制系统设计的一般步骤为。

1. 熟悉被控对象、制定控制方案

深入了解控制对象的工艺过程、工作特点、控制要求,并划分控制的各个阶段,归纳各个阶段的特点和各阶段之间的转换条件,画出控制流程图或功能流程图。根据设计任务书,进行工艺分析,并确定控制方案,它是设计的依据。

2. 确定 I/O 控制点数

根据控制要求,统计被控制系统的开关量、模拟量的 I/O 点数,并考虑以后的扩充(一般加上 10%~20% 的备用量),确定 I/O 点数,从而选择 PLC 的 I/O 点数和输出规格。

3. 选择合适的 PLC 类型

在选择 PLC 机型时,主要考虑下面几点:

1)功能的选择

对于小型的 PLC 主要考虑 I/O 扩展模块、A/D 与 D/A 模块以及指令功能(如中断、PID 等)。

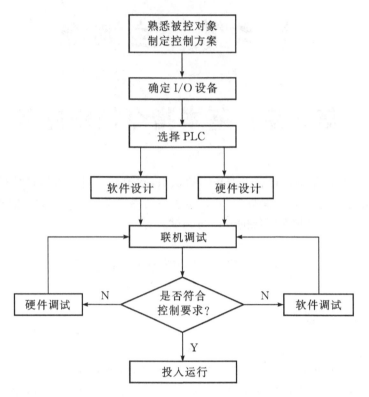

图 5-1　PLC 控制系统设计的一般步骤

2）内存的估算

用户程序所需的内存容量主要与系统的 I/O 点数、控制要求、程序结构长短等因素有关。一般可按下式估算：存储容量＝（开关量输入点数×10）＋（开关量输出点数×8）＋（模拟通道数×100）＋（定时器/计数器数量×2）＋（通信接口个数×300）＋备用量。

3）分配 I/O 点

分配 PLC 的输入/输出点，编写输入/输出分配表或画出输入/输出端子的接线图。

4. 软件程序设计

对于较复杂的控制系统，根据生产工艺要求，画出控制流程图或功能流程图，然后设计出梯形图，对程序进行模拟调试和修改，直到满足控制要求为止。

5. 硬件设计

设计控制柜及操作台的电器布置图及安装接线图；设计控制系统各部分的电气互锁图；根据图纸进行控制柜或操作台的设计并现场施工和接线，并检查。

6. 联机调试

如果控制系统由几个部分组成，则应先作局部调试，然后再进行整体调试；如果控制程序的步序较多，则可先进行分段调试，然后连接起来总体调试。

7. 编制技术文件

技术文件应包括:可编程控制器的外部接线图等电气图纸、电器布置图、电器元件明细表、顺序功能图、带注释的梯形图和说明。

5.2　位逻辑指令的程序设计及应用

5.2.1　单台电机的点动控制

点动控制是指按下按钮,电机得电运转;松开按钮,电机失电停转。点动控制线路是用按钮、接触器来控制电机运转的最简单的控制线路,应用比较广泛。例如,在市面上应用的自动卷帘门就是利用电机带动卷帘中心轴转动,当按下启动按钮,卷帘门自动上升,松开按钮,卷帘门自动停止,其控制电路如图 5-2 所示。

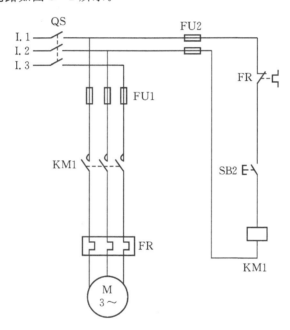

图 5-2　点动控制控制电路

接通电源开关 QS→按下起动按钮 SB2→接触器线圈 KM1 通电,KM1 主触点闭合→电机 M 接通。松开 SB2→线圈 KM1 断电→M 停止。

1)I/O 端口分配

根据控制要求,I/O 端口分配情况如表 5-1 所示。

表 5-1　点动控制 I/O 端口分配表

输入信号			输出信号		
PLC 地址	电气符号	功能说明	PLC 地址	电气符号	功能说明
I0.0	SB2	启动按钮,常开触点	Q0.0	KM1	接触器线圈

2)程序设计

点动控制梯形图程序如图 5 - 3 所示。

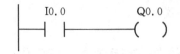

图 5 - 3　点动控制梯形图

5.2.2　单台电机的连续控制

电机单向连续运行的启动/停止控制是最基本、最常用的控制。

连续控制：即典型的启保停电路，当按下启动按钮时，电机启动，并依靠接触器自身的辅助触点来使其线圈保持通电，即使松开启动按钮电机依旧保持运转；当按下停止按钮时，电机停止运行。采用热继电器 FR 对电机 M 进行过载保护，连续控制电路如图 5 - 4 所示。

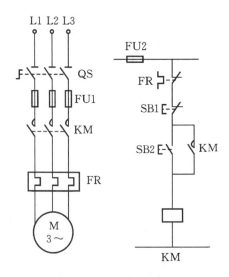

图 5 - 4　连续控制电路图

接通电源开关 QS→按下起动按钮 SB2→接触器 KM 吸合→接触器 KM 辅助常开触点闭合→电机 M 运行→松开按钮 SB2→M 继续运行。

按下停止按钮 SB1→KM 线圈断电，接触器所有触点断开→M 停转。

1)I/O 端口分配

根据控制要求，连续控制 I/O 端口分配情况如表 5 - 2 所示。

表 5 - 2　连续控制 I/O 端口分配表

输入信号			输出信号		
PLC 地址	电气符号	功能说明	PLC 地址	电气符号	功能说明
I0.1	SB1	停止按钮，常闭触点	Q0.0	KM	接触器线圈
I0.0	SB2	启动按钮，常开触点	—	—	—
I0.2	FR	热继电器，常闭触点	—	—	—

2)程序设计

连续控制梯形图程序如图 5-5 和 5-6 所示。

方法一：

```
LD    I0.0
O     Q0.0
AN    I0.1
AN    I0.2
=     Q0.0
```

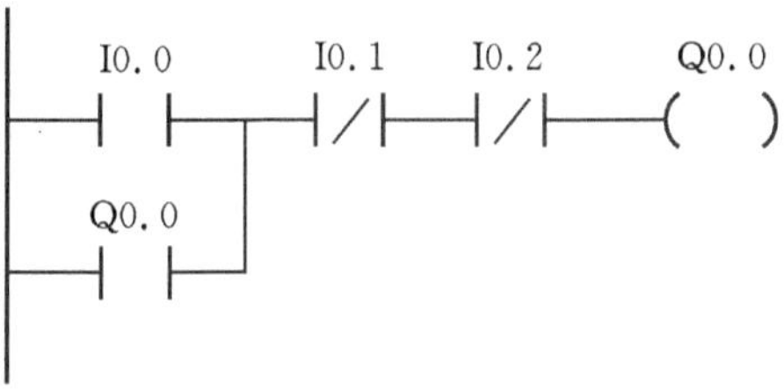

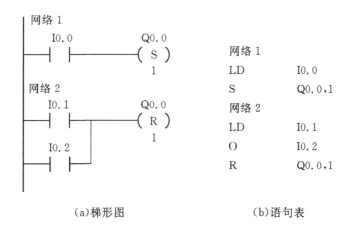

(a)梯形图　　(b)语句表

图 5-5　连续控制方法一

方法二：

```
网络 1
LD    I0.0
S     Q0.0,1
网络 2
LD    I0.1
O     I0.2
R     Q0.0,1
```

(a)梯形图　　(b)语句表

图 5-6　连续控制方法二

5.2.3　单台电机点动连续共同控制

控制要求：按下启动按钮 SB2，电机启动并保持；按下启动按钮 SB3，电机只能点动。既能实现点动又能实现连续控制的电路如图 5-7 所示。

1)I/O 端口分配

根据控制要求，点动/连续控制 I/O 端口分配情况如表 5-3 所示。

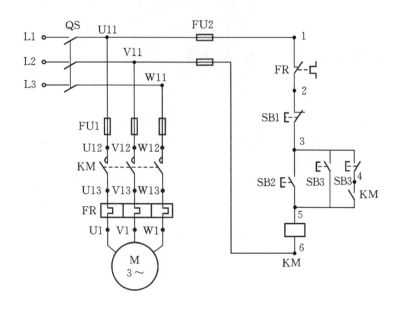

图 5 - 7　单台电机点动连续控制电路

表 5 - 3　点动/连续控制 I/O 端口分配表

输入信号			输出信号		
PLC 地址	电气符号	功能说明	PLC 地址	电气符号	功能说明
I0.1	SB1	停止按钮,常闭触点	Q0.0	KM	接触器线圈
I0.0	SB2	长动启动按钮,常开触点	—	—	—
I0.2	SB3	点动启动按钮,常开触点	—	—	—
I0.3	FR	热继电器,常闭触点	—	—	—

2)程序设计

点动/连续控制梯形图程序如图 5 - 8 所示。

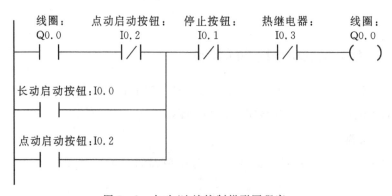

图 5 - 8　点动/连续控制梯形图程序

5.2.4　单按钮控制两台电机的依次顺序启动

控制要求：按下按钮 SB1，第一台电机 M1 启动，松开按钮 SB1，第二台电机 M2 启动，可防止两台电机同时启动造成对电网的不良影响。按停止按钮 SB2 时，两台电机都停止。单按钮控制两台电机的依次顺序启动的控制电路如图 5 - 9 所示。

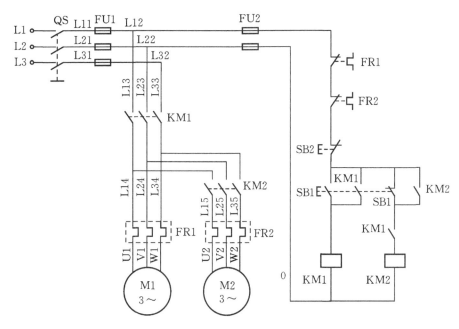

图 5 - 9　单按钮控制两台电机依次顺序启动的控制电路

1）I/O 端口分配

根据控制要求，I/O 端口分配情况如表 5 - 4 所示。

表 5 - 4　单按钮控制两台电机顺序启动 I/O 端口分配表

输入信号			输出信号		
PLC 地址	电气符号	功能说明	PLC 地址	电气符号	功能说明
I0.0	SB1	启动按钮，常开触点	Q0.0	KM1	电机 M1 接触器线圈
I0.1	SB2	停止按钮，常开触点	Q0.1	KM2	电机 M2 接触器线圈

2）程序设计

单按钮控制两台电机的依次顺序启动程序如图 5 - 10 所示。

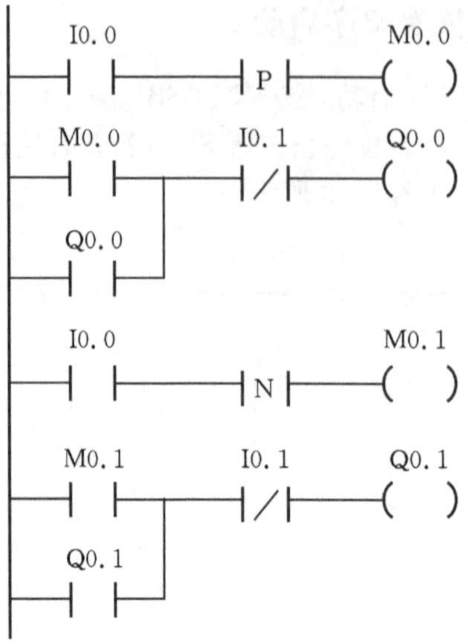

<table>
<tr><td colspan="2">(a)梯形图</td><td>(b)语句表</td></tr>
</table>

梯形图部分对应的语句表：

LD	I0.0
EU	
=	M0.0
LD	M0.0
O	Q0.0
AN	I0.1
=	Q0.0
LD	I0.0
ED	
=	M0.1
LD	M0.1
O	Q0.1
AN	O0.1
=	Q0.1

图 5-10　单按钮控制两台电机依次顺序启动的梯形图程序

5.2.5　单台电机的正反转控制

工农业生产中,生产机械的运动部件往往要求实现正反两个方向运动,这就要求拖动电机能正反向旋转。例如,在铣床加工中工作台的左右、前后和上下运动,起重机的上升与下降等,这就要求电机能实现正反转控制。从电机的原理可知,改变电机三相电源的相序即可改变电机的旋转方向。改变三相电源的相序只需任意调换电源的两根进线。

控制要求:当按下正转启动按钮 SB1 时,电机 M 正向启动且连续运转;当按下反转启动按钮 SB2 时,电机 M 反向启动且连续运转,当按 SB3 停止按钮或 FR 动作,电机停止。当正转接触器 KM1 通电闭合时,反转接触器 KM2 不能通电闭合;反之当反转接触器 KM2 通电闭合时,正转接触器 KM1 不能通电闭合,具备互锁功能。电机正反转原理图如图 5-11 所示。

1)I/O 端口分配

根据控制要求,I/O 端口分配情况如表 5-5 所示。

表 5-5　电机正反转 I/O 端口分配表

输入信号			输出信号		
PLC 地址	电气符号	功能说明	PLC 地址	电气符号	功能说明
I0.0	SB1	正转启动按钮,常开触点	Q0.0	KM1	正转接触器线圈
I0.1	SB2	反转启动按钮,常开触点	Q0.1	KM2	反转接触器线圈
I0.2	SB3	停止按钮,常闭触点	—	—	—
I0.3	KR	热继电器,常闭触点	—	—	—

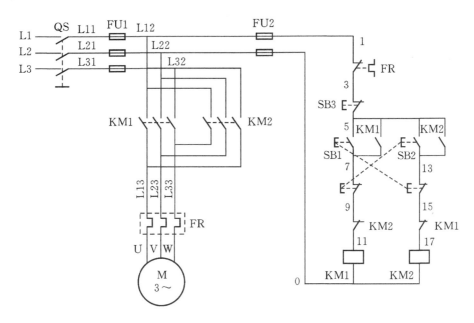

图 5 - 11　电机正反转原理图

2)程序设计

根据电机正反转控制要求,2 个接触器 KM1、KM2 不能同时得电。则必须保证一个接触器的主触点断开以后,另一个接触器的主触点才能闭合(实现连锁控制),否则会造成电机电源的短路。为确保运行可靠,要采取软、硬件两种互锁措施。电机正反转 PLC 控制梯形图及指令语句如图 5 - 12 所示。

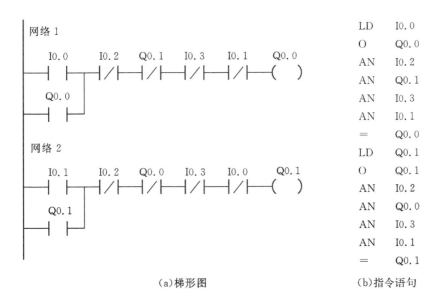

（a）梯形图　　　　　　　　　（b）指令语句

图 5 - 12　电机正反转 PLC 控制梯形图及指令语句

硬件互锁:在 PLC 的输出回路中,KM1 的线圈和 KM2 的线圈之间必须加硬件接线互锁,避免当交流接触器主触点熔焊在一起而不能断开时,造成主回路短路。

软件互锁:软件梯形图中输出继电器 Q0.0、Q0.1 线圈不能同时带电,为了进一步保证不同时得电,可启动按钮和输出继电器的同时软件互锁,这称为双互锁。若 I0.0 先接通,Q0.0 自保持,使 Q0.0 有输出,同时 Q0.0 的常闭接点断开,即使 I0.1 再接通,也不能使 Q0.1 动作,故 Q0.1 无输出。若 I0.1 先接通,则情形与前述相反。因此在控制环节中,该电路可实现信号互锁。

5.2.6 运动机械的自动往复控制

运动机械自动往复控制实质上就是在电机正、反转控制的基础上,增加了由行程开关控制电机正反转,并考虑了运动部件的限位保护,由限位开关控制电机停止。

在生产过程中,经常需要对生产机械运动部件的行程进行控制,并使其在一定的范围内自动往复循环运动,如龙门刨床工作台、导轨磨床工作台、运煤小车的等。运煤小车具有左右两个运动方向,运煤小车的停止与左右位置有关,所以在左右位置处设立两个行程开关 SQ1、SQ2,运煤小车自动往复运动示意图如图 5-13 所示。

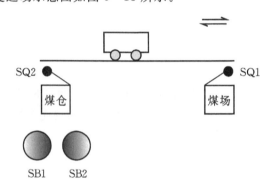

图 5-13 运煤小车自动往复运动示意图

运煤小车自动往复运动控制硬件原理图 5-14 所示。

1)I/O 端口分配

根据控制要求,电机正反转 I/O 端口分配情况如表 5-6 所示。

表 5-6 电机正反转 I/O 端口分配表

输入/输出	PLC 地址	电气符号	功能说明
输入	I0.0	SB1	停止按钮
	I0.1	SB2	正转启动按钮
	I0.2	SB3	反转启动按钮
	I0.3	SQ1	前进终端返回行程开关
	I0.4	SQ2	后退终端返回行程开关
	I0.5	FR	热继电器
输出	Q0.0	KM1	正转接触器线圈
	Q0.1	KM2	反转接触器线圈

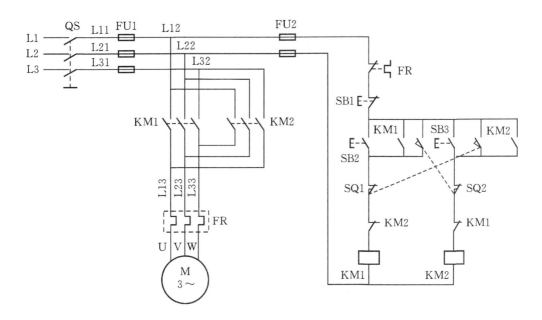

图 5-14　运煤小车自动往复运动控制硬件原理图

2)程序设计

(1)按正转启动按钮 SB2(I0.1),Q0.0 通电并自锁。

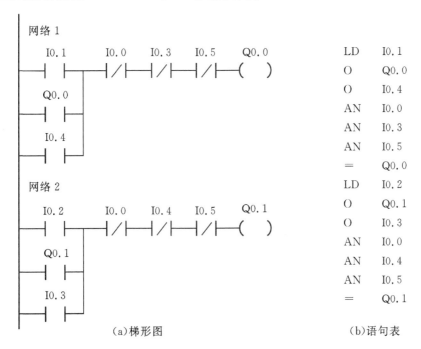

LD	I0.1
O	Q0.0
O	I0.4
AN	I0.0
AN	I0.3
AN	I0.5
=	Q0.0
LD	I0.2
O	Q0.1
O	I0.3
AN	I0.0
AN	I0.4
AN	I0.5
=	Q0.1

(a)梯形图　　　　　　　　　(b)语句表

图 5-15　运动机械自动往复的 PLC 控制系统程序

（2）按反转启动按钮 SB3（I0.2），Q0.1 通电并自锁。

（3）正、反转启动按钮和前进、后退终端返回行程开关的常闭触点相互串接在对方的线圈回路中，形成连锁的关系。

（4）前进、后退终端安全行程开关动作时，电机 M 停止运行。

运动机械自动往复的 PLC 控制系统程序如图 5-15 所示。

5.2.7 自动门控制

自动门在工厂、医院、银行、超市、酒店等地方应用非常广泛。图 5-16 为自动门控制示意图。

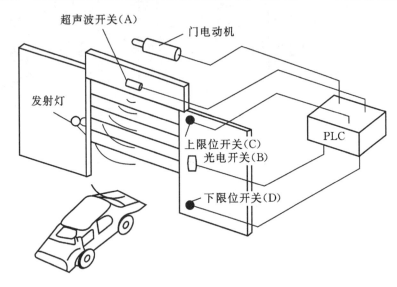

图 5-16 自动门控制示意图

自动门工作原理：超声开关发射声波，当有人或物进入超声开关的作用范围时，超声开关便检测出物体反射的回波，控制电机正转，升门，直到碰到顶部的上限位开关。光电开关由两个元件组成：发射光源和接收器，用以判断人/物是否已经过自动门。发射光源连续地发射光束，由对面的接收器接收。如果人或其他物体经过门就会遮断光束，光电开关便检测到这个人或物体，控制电机反转，降门，直到碰到底部的下限位开关。自动门控制电路如图 5-17 所示。

1）I/O 端口分配

根据控制要求，I/O 端口分配情况如表 5-7 所示。

表 5-7 I/O 端口分配表

输入信号			输出信号		
PLC 地址	电气符号	功能说明	PLC 地址	电气符号	功能说明
I0.0	SB1	超声波升门开关	Q0.0	KM1	升门
I0.1	SB2	光电开关降门开关	Q0.1	KM2	降门
I0.2	SB3	上限位开关	—	—	—
I0.3	SB4	下限位开关	—	—	—

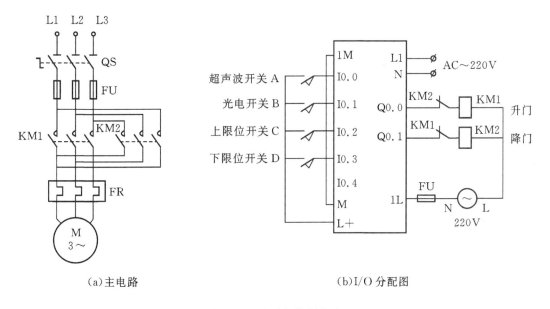

（a）主电路　　　　　　　　　　　　（b）I/O 分配图

图 5-17　自动门控制电路

2）程序设计

自动门控制程序如图 5-18 所示。

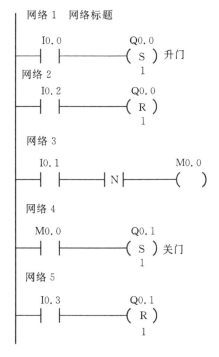

图 5-18　自动门控制程序

5.3 定时器与计数器的程序设计及应用

5.3.1 三相异步电机星三角降压启动控制

三相异步电机星三角降压启动控制是应用最广泛的启动方式。星三角降压启动：首先星形启动，延时几秒后变为三角形启动方式。

若三相异步电机直接启动，启动电流是额定电流的4~7倍。降压启动时启动电流约是额定电流的1/3。为了降低启动电流对电机的冲击（甚至烧毁）和对电网造成的电压不稳定，大容量的电机往往需要采取降压启动。现在国内用的最多的是变频软启动，这可以在启动时保护电机，防止电机的启动电流过大而烧毁电机。简单的降压启动就是星三角启动，主控回路如图5-19所示。

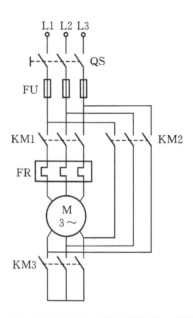

图5-19　三相异步电机星三角启动主控回路

1)I/O端口分配

根据控制要求，I/O端口分配情况如表5-8所示。

表5-8　I/O端口分配表

输入信号			输出信号		
PLC地址	电气符号	功能说明	PLC地址	电气符号	功能说明
I0.0	SB1	启动按钮	Q0.0	KM1	电源
I0.1	SB2	停止按钮	Q0.1	KM2	Y型启动
I0.2	FR	热继电器,过载保护	Q0.2	KM3	△型启动

2)程序设计,如图 5 - 20 所示

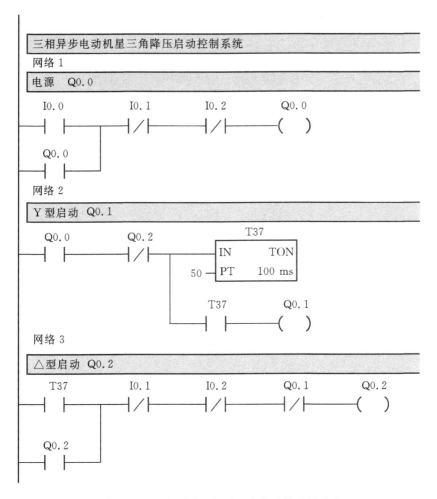

图 5 - 20　三相异步电机星三角启动梯形图程序

5.3.2　3 台电机顺序启动控制

控制要求:按下启动按钮 SB1 按钮时,第 1 台电机启动,5 s 后第 2 台电机启动,再过 5 s,第 3 台电机启动。按下停止按钮 SB2 3 台电机全部停止工作,主电路如图 5 - 21 所示。

1)I/O 端口分配

根据控制要求,I/O 端口分配情况如表 5 - 9 所示。

表 5 - 9　I/O 端口分配表

输入信号			输出信号		
PLC 地址	电气符号	功能说明	PLC 地址	电气符号	功能说明
I0.0	SB1	停止按钮	Q0.1	KM1	电机 M1
I0.1	SB2	启动按钮	Q0.2	KM2	电机 M2
—	—	—	Q0.3	KM3	电机 M3

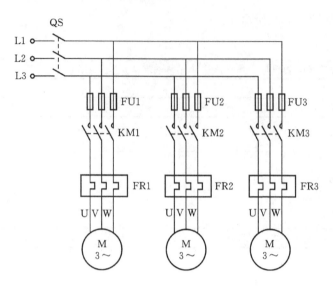

图 5-21 3 台电机顺序启动主电路图

2)程序设计

对于时间控制,可以采用分段延时和累计延时两种方法,3 台电机顺序启动的梯形图如图 5-22 所示。

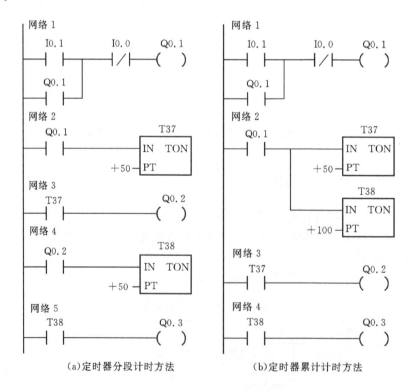

(a)定时器分段计时方法   (b)定时器累计计时方法

图 5-22 3 台电机顺序启动梯形图

5.3.3　自动门的时间控制

自动门控制装置由门内和门外感应探测器、开关门位置限位开关、主控制器、开关门执行机构(电机)等部件组成。自动门利用门内或门外红外传感器检测是否有人进入检测区域,如果检测有人,则驱动电机正转执行开门动作,直到碰到开到位限位开关停止开门,开始定时8 s,当定时时间到,则驱动电机反转执行关门动作,直到碰到关到位限位开关停止关门。

1)I/O 端口分配

根据控制要求,I/O 端口分配情况如表 5-10 所示。

表 5-10　I/O 端口分配表

输入信号			输出信号		
PLC 地址	电气符号	功能说明	PLC 地址	电气符号	功能说明
I0.1	SB1	门外红外探测开关	Q0.0	KM1	开门
I0.2	SB2	门内红外探测开关	Q0.1	KM2	关门
I0.3	SQ1	开到位开关	—	—	—
I0.4	SQ2	关到位开关	—	—	—

2)程序设计

梯形图程序如图 5-23 所示。

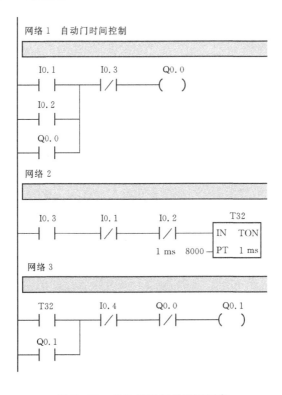

图 5-23　自动门控制梯形图程序

5.3.4 包装生产线计数控制

控制要求:牛奶包装 24 盒为一箱。用光电开关 I0.0 检测传送带上通过的产品并计数,有产品通过时 I0.0 为 ON,如果在 10 s 内没有产品通过,由 Q0.0 发出报警信号,用 I0.1 为报警解除按钮,每计数 24 盒产生一个打包信号 Q0.1。

1)I/O 端口分配

根据控制要求,I/O 端口分配情况如表 5-11 所示。

表 5-11 I/O 端口分配表

输入信号			输出信号		
PLC 地址	电气符号	功能说明	PLC 地址	电气符号	功能说明
I0.0	SQ1	光电开关	Q0.0	KM1	报警
I0.1	SB1	报警解除按钮	Q0.1	KM2	打包装箱

2)程序设计

包装线计数控制图如图 5-24。

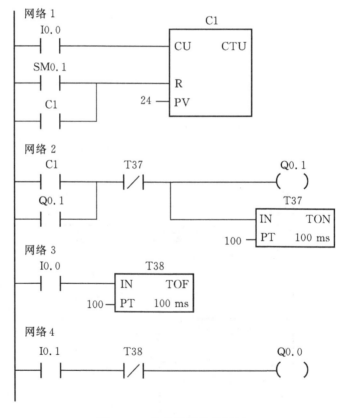

图 5-24 包装线计数控制图

5.3.5 闪烁计数控制

控制要求：按下启动按钮后灯泡以灭 2 s、亮 3 s 的工作周期闪烁 20 次后自动停止，按停止按钮，灯泡立即停止闪烁。

1)I/O 端口分配

根据控制要求，I/O 端口分配情况如表 5 - 12 所示。

表 5 - 12   I/O 端口分配表

输入信号			输出信号		
PLC 地址	电气符号	功能说明	PLC 地址	电气符号	功能说明
I0.0	SB1	启动	Q0.0	HL	灯泡
I0.1	SB2	停止	—	—	—

2)程序设计

梯形图程序如图 5 - 25 所示。

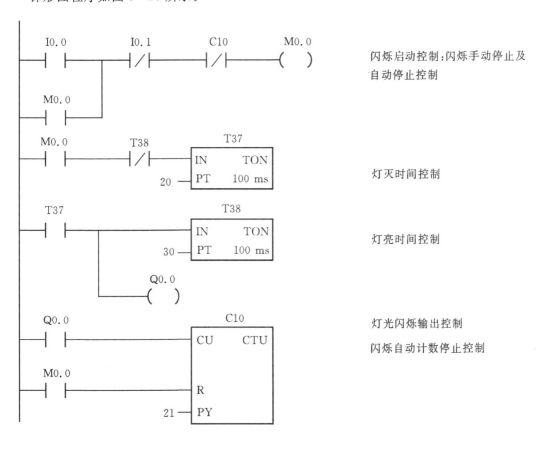

图 5 - 25   闪烁计数控制梯形图程序

5.3.6 水泵抽水定时控制

控制要求:按下启动按钮 I0.0,水泵 Q0.0 启动,24 h 后水泵自动停止。

控制分析:普通定时器远不够 24 h 的定时时间要求,若用好几个定时器进行累加,则需太多的定时器,非常麻烦。此例可用定时器及计数器的组合来实现。定时器每隔 30 min,计数器进行一次计数,计数后把定时器复位,重新计时,如此,24 h 需计数 48 次就可以。

1)I/O 端口分配

根据控制要求,I/O 端口分配情况如表 5-13 所示。

表 5-13 I/O 端口分配表

输入信号			输出信号		
PLC 地址	电气符号	功能说明	PLC 地址	电气符号	功能说明
I0.0	SB1	启动	Q0.0	KM1	水泵

2)程序设计

梯形图程序如图 5-26 所示。

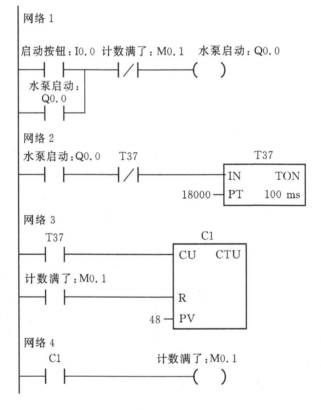

图 5-26 水泵抽水定时控制梯形图程序

5.3.7 送料小车自动往复运动控制

在工业生产过程中,经常需要进行自动往复循环运动控制,如送料小车等。图 5 - 27 为送料小车自动往复运动控制示意图。

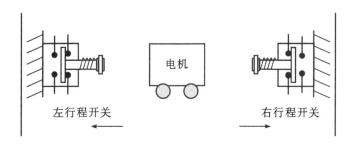

图 5 - 27 送料小车自动往复运动控制示意图

控制要求:按左行启动按钮,向左行,走到最左边装料 15 s。15 s 后自动右行,走到最右边卸料 10 s。10 s 后自动左行,不断循环,直至按下停止按钮。按右行启动按钮,向右行,走到最右边卸料 10 s。10 s 后自动左行。当走到最左边装料(15 s)。15 s 后自动右行,不断循环,直至按下停止按钮。

1)I/O 端口分配

根据控制要求,I/O 端口分配情况如表 5 - 14 所示。

表 5 - 14 I/O 端口分配表

输入信号			输出信号		
PLC 地址	电气符号	功能说明	PLC 地址	电气符号	功能说明
I0.0	SB1	左行启动	Q0.0	KM1	左行(正转)
I0.1	SB2	右行启动	Q0.1	KM2	右行(反转)
I0.2	SB2	停止	Q1.0	KM3	装料
I0.3	SQ1	左极限	Q1.1	KM4	卸料
I0.4	SQ2	右极限	—	—	—

2)程序设计

梯形图程序如 5 - 28 所示。

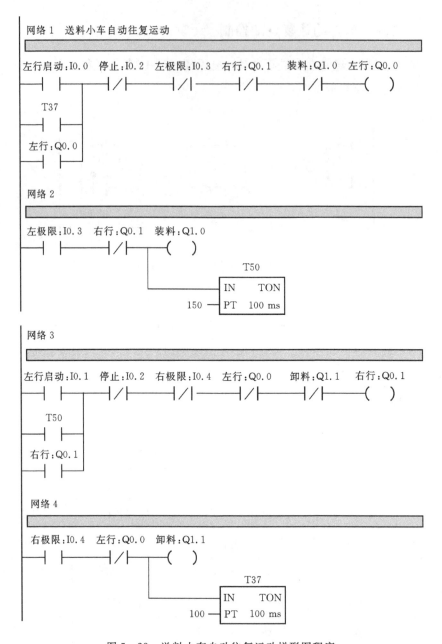

图 5-28　送料小车自动往复运动梯形图程序

5.4　数据传送指令应用

5.4.1　多种参数设定值的选择控制

控制要求:设某厂生产的三种型号产品所需加热时间分别为 30 min、20 min、10 min。为方便操作,设置一个选择手柄来设定定时器的设定值,选择手柄分三个挡位,每一挡位对应一个设定值;另设一个启动开关,用于启动加热炉;加热炉由接触器通断。

1)I/O 端口分配

根据控制要求,I/O 端口分配情况如表 5-15 所示。

表 5-15　I/O 端口分配表

输入信号			输出信号		
PLC 地址	电气符号	功能说明	PLC 地址	电气符号	功能说明
I0.0	SW1	选择时间 1(30 min)	Q0.0	KM1	加热接触器
I0.1	SW2	选择时间 2(20 min)	—	—	—
I0.2	SW3	选择时间 3(10 min)	—	—	—
I0.3	SB1	加热炉启动开关	—	—	—

(2)程序设计

梯形图程序如图 5-29 所示。

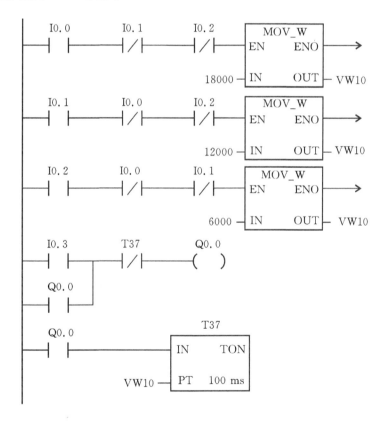

图 5-29　梯形图程序

5.5 移位与循环指令应用

5.5.1 8个彩灯循环移位控制

控制要求:用 I0.0 控制接在 Q0.0～Q0.7 上的 8 个彩灯循环移位,从右到左以 0.5 s 的速度依次点亮,保持任意时刻只有一个指示灯亮,到达最左端后,再从右到左依次点亮。

1)I/O 端口分配

根据控制要求,I/O 端口分配情况如表 5－16 所示。

表 5－16　I/O 端口分配表

输入信号			输出信号		
PLC 地址	电气符号	功能说明	PLC 地址	电气符号	功能说明
I0.0	SB1	启动开关	Q0.0～Q0.7	HL1～HL8	8 个彩灯

2)程序设计

梯形图程序如图 5－30 所示。

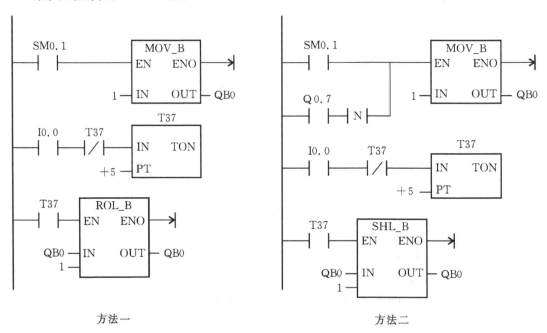

图 5－30　8 个彩灯循环移位控制程序

5.5.2 "欢迎光临"霓虹灯的闪烁控制

控制要求：用 HL1～HL4 四个霓虹灯，分别做成"欢迎光临"四个字。其闪烁要求见表 5-17，其时间间隙为 1 s，反复循环进行。

表 5-17 "欢迎光临"闪烁流程表

灯号 ＼ 步序	2	3	4	5	6	7	8
HL1	—	—	—	亮	—	亮	—
HL2	亮	—	—	亮	—	亮	—
HL3	—	亮	—	亮	—	亮	—
HL4	—	—	亮	亮	—	亮	—

1）I/O 端口分配

根据控制要求，霓虹灯闪烁的 PLC 控制系统的 I/O 端口分配情况如表 5-18 所示。

表 5-18 I/O 端口分配表

输入信号			输出信号		
PLC 地址	电气符号	功能说明	PLC 地址	电气符号	功能说明
I0.0	SB1	起动按钮,常开	Q0.0	HL1	"欢"字灯
—	—	—	Q0.1	HL2	"迎"字灯
—	—	—	Q0.2	HL3	"光"字灯
—	—	—	Q0.3	HL4	"临"字灯

2）程序设计

梯形图程序如图 5-31 所示。

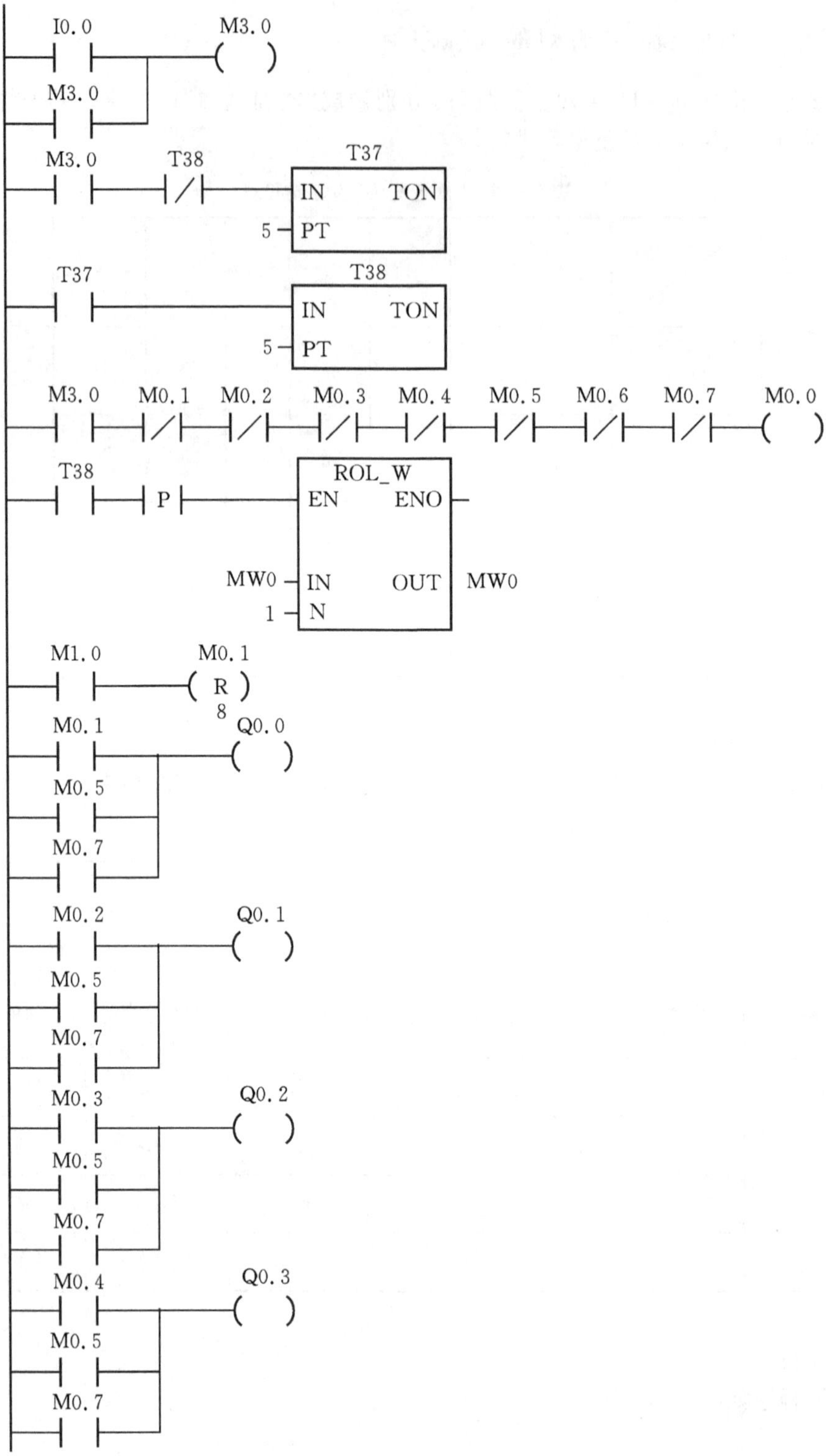

图 5-31 霓虹灯的闪烁控制程序

5.5.3　喷泉模拟控制系统

喷泉控制系统如图 5-32 所示。

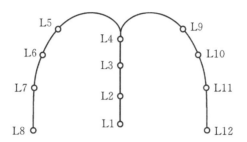

图 5-32　喷泉控制系统

控制要求:实现隔灯闪烁,L1 亮 0.5 s 后灭,接着 L2 亮 0.5 s 后灭,接着 L3 亮 0.5 s 后灭,接着 L4 亮 0.5 s 后灭,接着 L5、L9 亮 0.5 s 后灭,接着 L6、L10 亮 0.5 s 后灭,接着 L7、L11 亮 0.5 s 后灭,接着 L8、L12 亮 0.5 s 后灭,L1 亮 0.5 s 后灭,如此循环下去。

1)I/O 端口分配

根据控制要求,I/O 端口分配情况如表 5-19 所示。

表 5-19　I/O 端口分配表

输入信号			输出信号		
PLC 地址	电气符号	功能说明	PLC 地址	电气符号	功能说明
I0.0	SB1	起动按钮	Q0.0	L1	喷泉
I0.1	SB2	停止按钮	Q0.1	L2	喷泉
—	—	—	Q0.2	L3	喷泉
—	—	—	Q0.3	L4	喷泉
—	—	—	Q0.4	L5、L9	喷泉
—	—	—	Q0.5	L6、L10	喷泉
—	—	—	Q0.6	L7、L11	喷泉
—	—	—	Q0.7	L8、L12	喷泉

2)程序设计

梯形图程序如图 5-33 所示。

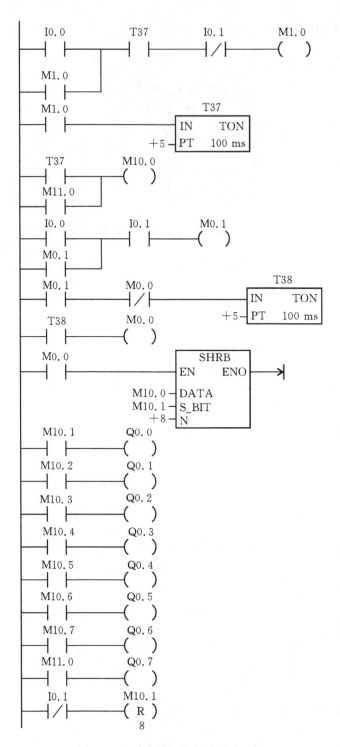

图 5-33　喷泉模拟控制梯形图程序

5.6　数据比较指令应用

5.6.1　密码锁控制

控制要求:设计一个密码锁程序,设定密码是 352。当开锁密码正确并有开锁信号(代表有钥匙)时,则开锁信号(Q0.0)动作。当开锁密码错误并有开锁信号时,则报警信号(Q0.1)动作,同时还设有专用的报警键。操作结束应复位,报警时可以复位。设密码锁有六个按键(开锁键 I0.0、1♯密码键 I0.1、2♯密码键 I0.2、3♯密码键 I0.3、复位键 I0.4、报警键 I0.5)。

1)I/O 端口分配

根据控制要求,I/O 端口分配情况如表 5-20 所示。

表 5-20　I/O 端口分配表

输入信号			输出信号		
PLC 地址	电气符号	功能说明	PLC 地址	电气符号	功能说明
I0.0	SB1	开锁按钮	Q0.0	KM1	开锁信号
I0.1	SB2	1♯密码键	Q0.1	KM2	报警信号
I0.2	SB3	2♯密码键	—	—	—
I0.3	SB4	3♯密码键	—	—	—
I0.4	SB5	复位键	—	—	—
I0.5	SB6	报警键	—	—	—

2)程序设计

梯形图程序如图 5-34 所示。

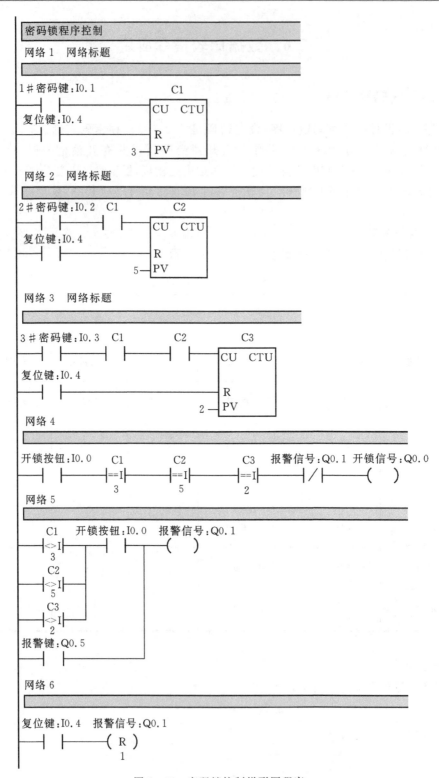

图 5-34 密码锁控制梯形图程序

5.6.2　定尺裁剪控制

材料的定尺裁剪可通过对脉冲计数的方式进行控制。在电机轴上装一多齿凸轮,用接近开关检测多齿凸轮,产生的脉冲输入至 PLC 的计数器。脉冲数的多少,反映了电机转过的角度,进而间接地反映了材料前进的距离。

控制要求:电机起动后计数器开始计数,计数至 4900 个脉冲时,使电机开始减速,计数到 5000 个脉冲时,使电机停止,同时剪切机动作将材料切断,并使脉冲计数复位。

1)I/O 端口分配

根据控制要求,I/O 端口分配情况如表 5-21 所示。

表 5-21　I/O 端口分配表

输入信号			输出信号		
PLC 地址	电气符号	功能说明	PLC 地址	电气符号	功能说明
I0.0	SB1	起动按钮	Q0.0	KM1	电机高速运转
I0.1	SB2	停止按钮	Q0.1	KM 2	电机低速运转
I0.2	SQ1	接近开关	Q0.2	KM 3	剪切机
I0.3	SQ2	剪切结束	—	—	—

2)程序设计

梯形图程序如图 5-35 所示。

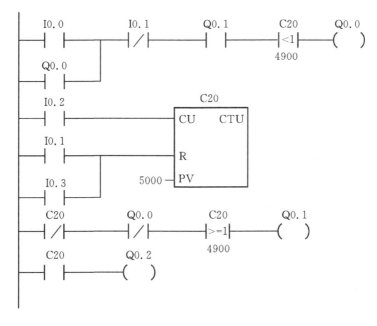

图 5-35　梯形图程序

5.7 算数运算指令应用

控制要求:已知 C10 的当前值为英寸的计数值,1 英寸=2.54 厘米,要求将英寸转换成厘米并取整。

控制分析:将英寸转换为厘米的步骤为:将 C10 中的整数值英寸→双整数英寸→实数英寸→实数厘米→整数厘米。注意:在程序中 VD0、VD4、VD8、VD12,都是以双字(4 个字节)编址的。参考程序如图 5-36 所示。

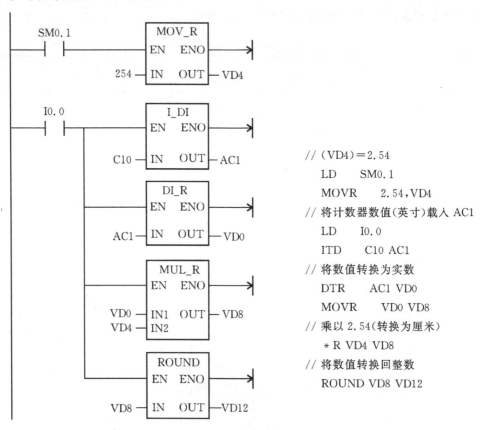

```
// (VD4)=2.54
    LD     SM0.1
    MOVR   2.54,VD4
// 将计数器数值(英寸)载入 AC1
    LD     I0.0
    ITD    C10 AC1
// 将数值转换为实数
    DTR    AC1 VD0
    MOVR   VD0 VD8
// 乘以 2.54(转换为厘米)
    * R VD4 VD8
// 将数值转换回整数
    ROUND VD8 VD12
```

图 5-36 将英寸转换为厘米梯形图程序

5.8 程序控制指令应用

5.8.1 方波信号的产生

控制要求:利用 T32 定时器,编写中断程序,要求产生占空比为 50%,周期为 4 s 的方波信号。梯形图程序如图 5-37 所示。

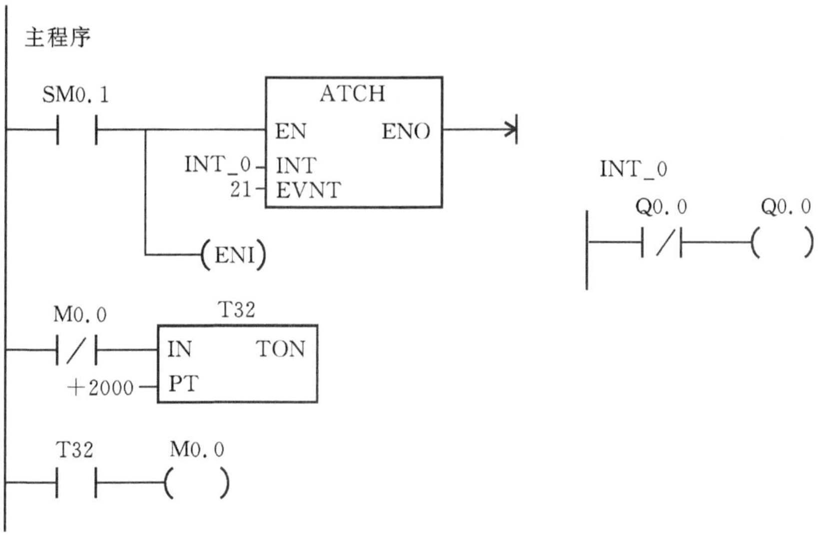

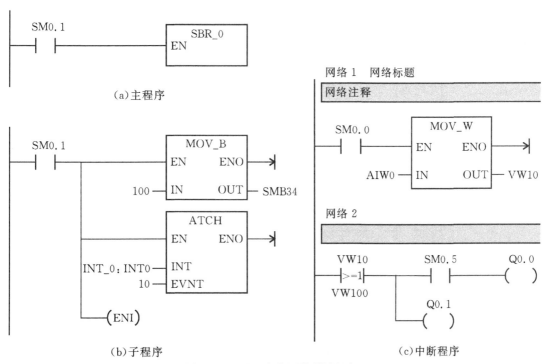

图 5-37　方波信号的产生梯形图程序

5.8.2　子程序的应用

控制要求:在某一系统中,需要对温度进行测量,当温度超过一定数值(测量的温度值保存在 VW100)时,报警灯以 1 s 为周期闪光,且警铃鸣叫,试用 S7-200 系列 PLC 和模块 EM231,编写程序。由于温度变化速度慢,从模块 EM231 采样时,可选择每 100 ms 在通道 0 中采样 1 次,将数值保存在 VW10 中。梯形图如图 5-38 所示。

图 5-38　子程序应用梯形图程序

165

5.8.3 高速计数器的应用

控制要求:按下启动按钮 I0.3,Q0.0 输出,电机正转,高速计数器计到 50 个脉冲后电机停止,过 5 s 后 Q0.1 输出,电机反转,计数器计到 50 个脉冲后电机停止,过 5 s 后又开始电机的正转,如此循环,用高速计数器指令实现。

方法一:用比较指令来实现电机正反转控制。

用比较指令来实现电机正反转控制梯形图程序如图 5-39 所示。

主程序

网络 1

```
I0.3      Q0.1      M0.0      I0.4      Q0.0
─┤ ├──┬──┤/├──────┤/├──────┤/├─────( )
        │
 Q0.0   │                   ┌──────────────────┐
─┤ ├────┼──┤P├──────────────│高速计数器初始化    │
        │                   │EN                │
 T38    │                   └──────────────────┘
─┤ ├────┘
```

网络 2

```
 Q0.0      HC0              M0.0
─┤ ├──────┤>=D├───────────( )
          SMD42
```

网络 3

```
 M0.0      M0.1
─┤ ├──────( S )
             1
```

网络 4

```
 M0.1                        ┌──────T37───────┐
─┤ ├──────┬─────────────────│IN       TON    │
          │                 │                │
          │              50─│PT       100 ms │
          │                 └────────────────┘
          │  T37      M0.1
          └─┤ ├──────( R )
                        1
```

网络 5

```
 T37      Q0.0      M0.2      Q0.1
─┤ ├──┬──┤/├──────┤/├──────( )
       │
 Q0.1  │                   ┌──────────────────┐
─┤ ├───┼──┤P├──────────────│高速计数器初始化    │
       │                   │EN                │
       └                   └──────────────────┘
```

网络 6

```
 Q0.1      HC0              M0.2
─┤ ├──────┤>=D├───────────( )
          SMD42
```

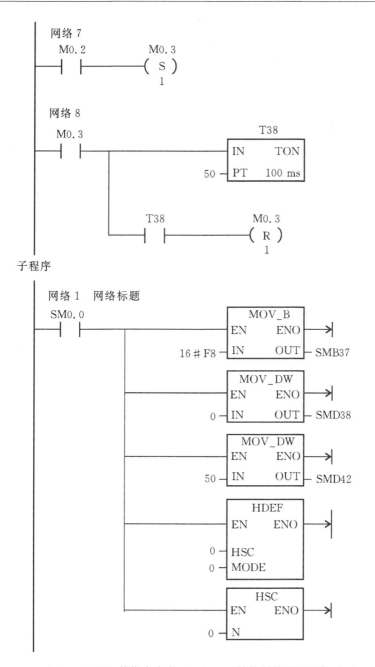

图 5-39 用比较指令来实现电机正反转控制梯形图程序(方法一)

以上程序中,首先做一个高速计数器初始化的子程序。先是定义控制字节,送 16#F8 到 SMB37,定义为加计数,更新当前值,这里写入初始值为 0 和预设值为 50,定义的是高速计数器 HSC0 和 HSC 模式 1,然后激活高速计数器。

因为控制要求是按下启动按钮 I0.3,Q0.0 输出,电机正转。首先需要做个起保停程序,I0.3 启动串联 I0.4 停止,来驱动输出 Q0.0 并做 Q0.0 的自锁,同时做一个用 I0.3 的上升沿来调用高速计数器初始化子程序,注意这里的起保停是有做正反转的互锁的。

　　然后再用 Q0.0 常开触点串联一个 HC0 大于等于 SMD42 的比较指令来输出 M0.0,并把 M0.0 的常闭触点串联在起保停程序中,作为高速计数器计到 50 个脉冲后电机停止。电机停止过 5 s 后 Q0.1 输出,电机反转,那么我们就用 M0.0 来置位 M0.1,再用 M0.1 常开触点来驱动定时器 T37 延时 5 s,并用 T37 常开触点来驱动复位 M0.1,这里是为了让定时时间到时复位定时器。然后再用 T37 常开触点来驱动输出 Q0.1 并做 Q0.1 的自锁,同时也用 T37 的上升沿来调用高速计数器初始子程序。然后再用 Q0.1 常开触点串联一个 HC0 大于等于 SMD42 的比较指令来输出 M0.2,并把 M0.2 的常闭触点串联在起保停程序中,作为高速计数器计到 50 个脉冲后电机停止。电机停止过 5 s 后又开始电机的正转,那么我们就用 M0.2 来置位 M0.3,再用 M0.3 常开触点来驱动定时器 T38 延时 5 s,并用 T38 常开触点来驱动复位 M0.3,这里也是为了定时时间到时复位定时器。同时我们用 T38 常开触点并联在电机正转的控制程序上,这样可以实现循环。

　　方法二:中断方法实现点击正反转控制。

　　用中断方法实现电机正反转控制梯形图程序如图 5-40 所示。

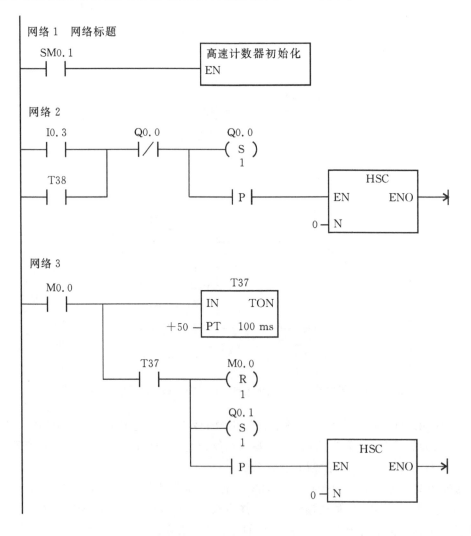

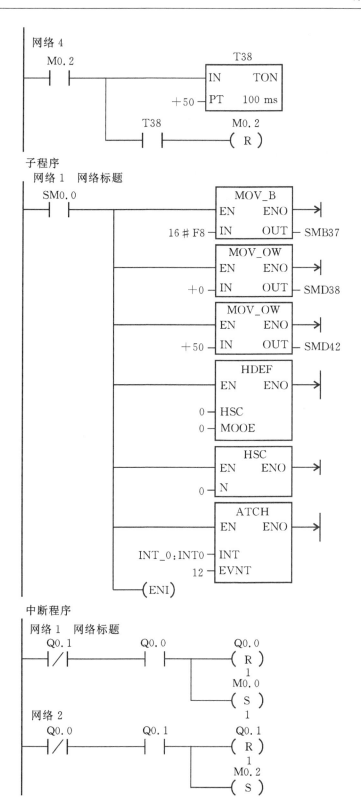

图 5-40　用中断方法实现电机正反转控制梯形图程序(方法二)

以上的程序中,首先做一个高速计数器初始化的子程序,先是定义控制字节,送 16♯F8 到 SMB37,定义为加计数更新当前值,这里写入初始值为 0 和预设值为 50,定义的是高速计数器 HSC0 和 HSC 模式 1,然后激活高速计数器,还做了高速计数器中断,建立中断程序 0 和中断事件 12 的中断连接,并全局允许中断。

在主程序中,用 SM0.1 的上升沿调用高速计数器初始化子程序。因为控制要求是按下启动按钮 I0.3,Q0.0 输出,电机正转,就用 I0.3 常开触点来置位 Q0.0,并用 I0.3 的上升沿激活高速计数器。控制还要求当高速计数器计到 50 个脉冲后电机停止,那么当计数当前值等于预设值 50 时就进入中断程序去执行,我们就可以在中断程序中编写用 Q0.0 常开触点串联 Q0.1 常闭触点来复位 Q0.0 并置位 M0.0,那么当当前值等于预设值时复位 Q0.0 电机停止,并置位 M0.0,回到主程序进行执行。

电机停止 5 s 后 Q0.1 输出,电机反转,在主程序中用 M0.0 常开触点驱动定时器 T37 延时 5 s,并用 T37 常开触点来复位 M0.0 复位定时器和置位 Q0.1,并用 T37 的上升沿激活高速计数器。当高速计数器计到 50 个脉冲后电机停止,那么当计数当前值等于预设值 50 时就进入中断程序去执行,我们就可以在中断程序中编写用 Q0.1 常开触点串联 Q0.0 常闭触点来复位 Q0.1 并置位 M0.2,那么当当前值等于预设值时复位 Q0.1 电机,并置位 M0.2,然后回到主程序进行执行。电机停止过 5 s 后又开始电机的正转,那么我们就用 M0.2 来驱动定时器 T38 延时 5 s,并用 T38 常开触点来驱动复位 M0.2,这里也是为了让定时器定时时间到时复位定时器。同时我们用 T38 常开触点并联在电机正转的控制程序上,实现循环。

第 6 章　PLC 综合应用训练项目

为了对 PLC 控制系统设计有更加完整和具体的认识,本章将通过介绍液体搅拌机控制、水塔水位控制、除尘室控制、十字路口红绿灯控制、机械手控制等多个综合应用案例,使学生逐步掌握 S7-200 PLC 控制系统的设计与调试。

6.1　液体混合搅拌装置的模拟控制

液体 A 和液体 B 混合搅拌装置如图 6-1 所示。H 为高液面,SL1 为高液位传感器;M 为中液面,SL2 为中液位传感器;L 为低液面,SL3 为低液位传感器;YV1、YV2、YV3 为电磁阀;当液面到达相应位置时,相应的传感器送出 ON 信号,否则为 OFF。初始状态下,容器为空容器,电磁阀 YV1、YV2、YV3 为关闭状态;传感器 SL1、SL2、SL3 为 OFF 状态,搅拌器 M 未启动。

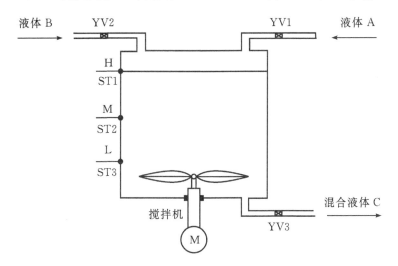

图 6-1　液体混合搅拌装置的控制示意图

控制要求:①按下启动按钮 SB1,电磁阀 YV1 打开,液体 A 开始注入容器内,经过一定时间,液体达到低液面(L)处,低液位传感器 SL3 为 ON,继续往容器内注入液体 A。②当液面到达中液面(M)处时,中液面传感器 SL2 为 ON,此时电磁阀 YV1 关闭,液体 A 停止注入,电磁阀 YV2 打开,液体 B 开始注入容器中。③当液体到达高液面(H)处时,高液面传感器 SL1 为 ON,电磁阀 YV2 关闭,液体 B 停止注入,同时搅拌电机 M 启动运转,对液体进行搅拌。④经过 1 min 后,搅拌机停止搅拌,电磁阀 YV3 打开,放出液体。⑤当液面低于低液面时,低液面传感器 SL3 为 OFF,延时 8 s 后,容器中的液体放完,电磁阀 YV3 关闭,搅拌机又开始执行下一个循环。

1)I/O 端口分配

根据控制要求,I/O 端口分配情况如表 6-1 所示。

表 6-1 I/O 端口分配表

输入信号			输出信号		
PLC 地址	电气符号	功能说明	PLC 地址	电气符号	功能说明
I0.0	SB1	启动按钮,常开触点	Q0.0	YV1	电磁阀
I0.5	SB2	停止按钮,常开触点	Q0.1	YV2	电磁阀
I0.1	SL1	高液面传感器,常开触点	Q0.2	YV3	电磁阀
I0.2	SL2	中液面传感器,常开触点	Q0.3	KM	电机控制接触器
I0.3	SL3	低液面传感器,常开触点	—	—	—

2)程序设计

液体混合搅拌装置的梯形图程序如图 6-2 所示。

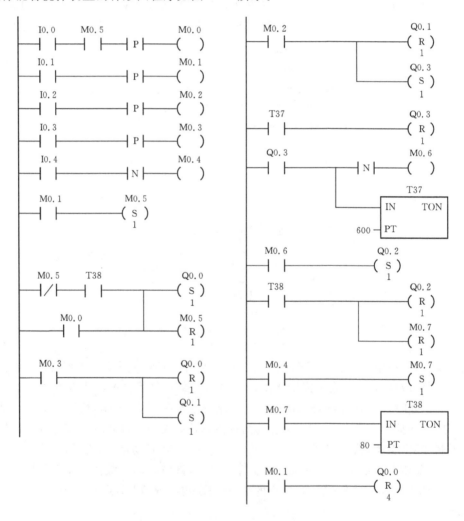

图 6-2 液体混合搅拌装置梯形图程序

6.2　水塔水位的模拟控制

水塔水位控制系统主要由水池进水部分(下)和水塔抽水部分(上)两部分组成,如图 6-3 所示。在模拟控制中,用按钮 SB 来模拟液位传感器,用 L2 指示灯来示意水池进水电机的工作,用 L1 指示灯来示意水塔抽水电机的工作。

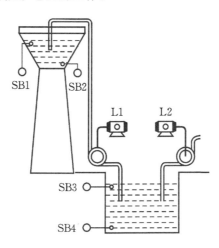

图 6-3　水塔水位控制示意图

控制要求:按下 SB4,模拟水池低液位传感器,代表水池缺水,需要进水,进水电机 2 工作,其指示灯 L2 点亮;直到按下 SB3,模拟水池高液位传感器,水池水位到达高液位;此时,停止电机 2 的进水,灯 L2 灭;按 SB2,模拟水塔低液位传感器,表示水塔水位低需抽水,抽水电机 1 工作,指示灯 L1 亮,进行抽水;直到按下 SB1,模拟水塔高液位传感器,水塔水位到达高液位;此时,停止电机 1 的抽水,指示灯 L1 灭。过 2 s 后,水塔放完水后重复上述过程即可,开始新的循环。

1)I/O 端口分配

根据控制要求,I/O 端口分配情况如表 6-2 所示。

表 6-2　I/O 端口分配表

输入信号			输出信号		
PLC 地址	电气符号	功能说明	PLC 地址	电气符号	功能说明
I0.1	SB1	水塔高液位传感器	Q0.1	L1	抽水电机 1 指示灯
I0.2	SB2	水塔低液位传感器	Q0.2	L2	进水电机 2 指示灯
I0.3	SB3	水池高液位传感器	—	—	—
I0.4	SB4	水池低液位传感器	—	—	—

2)程序设计

水塔水位控制的梯形图程序如图 6-4 所示。

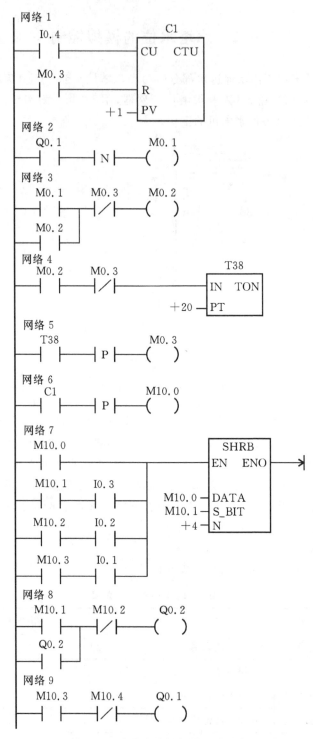

图 6-4 水塔水位控制梯形图程序

6.3　天塔之光的模拟控制

天塔之光控制示意图如图 6-5 所示。

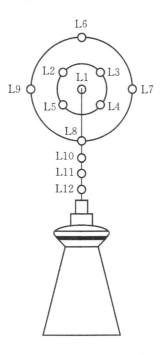

图 6-5　天塔之光控制示意图

控制要求:L12→L11→L10→L8→L1→L1、L2、L9→L1、L5、L8→L1、L4、L7→L1、L3、L6→L1→L2、L3、L4、L5→L6、L7、L8、L9→L1、L2、L6→L1、L3、L7→L1、L4、L8→L1、L5、L9→L1→L2、L3、L4、L5→L6、L7、L8、L9→L12→L11→L10……往复循环。

1)I/O 端口分配

根据控制要求,I/O 端口分配情况如表 6-3 所示。

表 6-3　I/O 端口分配表

输入信号			输出信号		
PLC 地址	电气符号	功能说明	PLC 地址	电气符号	功能说明
I0.0	SB1	起动按钮	Q0.0~Q0.7	L1~L8	L1~L8 共 8 个灯
I0.1	SB2	停止按钮	Q1.0~Q1.3	L9~L12	L9~L12 共 4 个灯

2)程序设计

天塔之光的模拟控制程序如图 6-6 所示。

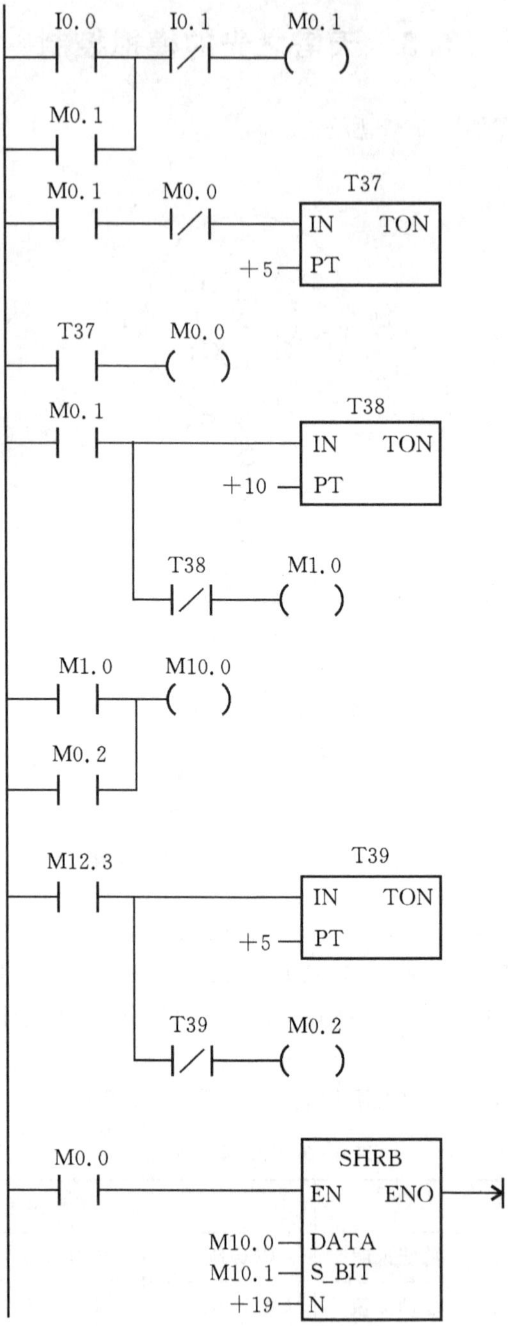
I0.0
I0.1
M0.1
M0.1
M0.1
M0.0
T37
IN TON
+5
PT
T37
M0.0
M0.1
T38
IN TON
+10
PT
T38
M1.0
M1.0
M10.0
M0.2
M12.3
T39
IN TON
+5
PT
T39
M0.2
M0.0
SHRB
EN ENO
M10.0
DATA
M10.1
S_BIT
+19
N

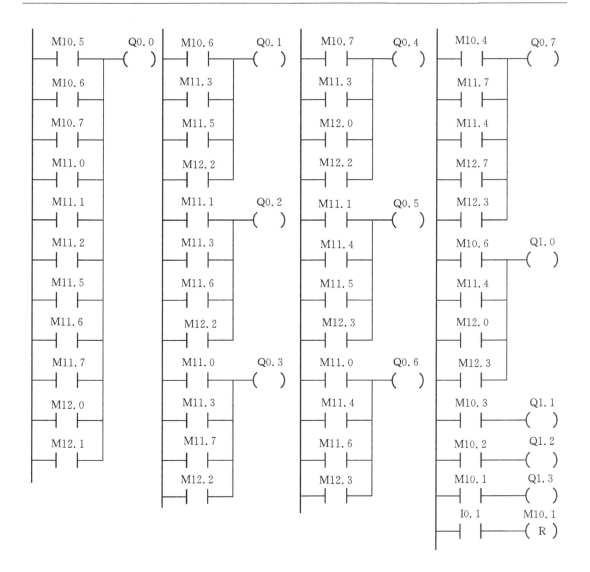

图 6-6　天塔之光模拟控制程序

6.4　除尘室控制

在制药、水厂等一些对除尘要求比较严格的车间,人、物进入这些场合首先需要进行除尘处理,为了保证除尘操作的严格进行,避免人为因素对除尘要求的影响,可以用 PLC 对除尘室的门进行有效控制。下面介绍某无尘车间进门时对人或物进行除尘的过程。

要求:人或物进入无污染、无尘车间前,首先在除尘室进行指定时间的严格除尘才能进入车间,否则门不打开,进入不了车间。除尘室的结构如图 6-7 所示。图中第一道门处设有两个传感器:开门传感器和关门传感器;除尘室内有两台风机,用来除尘;第二道门上装有电磁锁和开门传感器,电磁锁在系统控制下自动锁上或打开。进入室内需要除尘,出来时不需除尘。

具体控制要求如下:

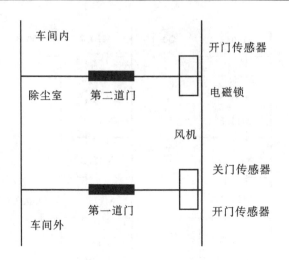

图 6-7 除尘室的结构

进入车间时必须先打开第一道门进入除尘室,进行除尘。当第一道门打开时,开门传感器动作,第一道门关上时关门传感器动作,第一道门关上后,风机开始吹风,电磁锁把第二道门锁上并延时 20 s 后,风机自动停止,电磁锁自动打开,此时可打开第二道门进入室内。第二道门打开时相应的开门传感器动作。人从室内出来时,第二道门的开门传感器先动作,第一道门的开门传感器才动作,关门传感器与进入时动作相同,出来时不需除尘,所以风机、电磁锁均不动作。

1)I/O 端口分配

根据控制要求,I/O 端口分配情况如表 6-4 所示。

表 6-4 I/O 端口分配表

输入信号			输出信号		
PLC 地址	电气符号	功能说明	PLC 地址	电气符号	功能说明
I0.0	SL1	第一道门的开门传感器	Q0.0	M1	风机 1
I0.1	SL2	第一道门的关门传感器	Q0.1	M1	风机 2
I0.2	SL3	第二道门的开门传感器	Q0.2	YL	电磁锁

2)程序设计

除尘室的控制系统梯形图程序如图 6-8 所示。

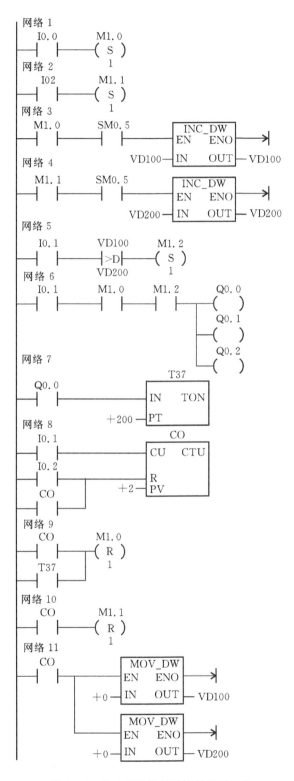

图 6-8　除尘室的控制系统梯形图程序

6.5 五相步进电机的模拟控制

控制要求:按下启动按钮 SB1,A 相通电(A 亮)→B 相通电(B 亮)→C 相通电(C 亮)→D 相通电(D 亮)→E 相通电(E 亮)→A→AB→B→BC→C→CD→D→DE→E→EA→A→B······循环下去。按下停止按钮 SB2,所有操作都停止需重新起动。五相步进电机控制示意图如图 6-9 所示。

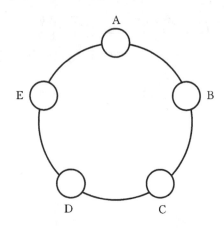

图 6-9 五相步进电机控制示意图

1)I/O 端口分配

根据控制要求,I/O 端口分配情况如表 6-5 所示。

表 6-5 I/O 端口分配表

输入	输出
起动按钮 SB1:I0.0	A:Q0.1
停止按钮 SB2:I0.1	B:Q0.2
—	C:Q0.3

2)程序设计

五相步进电机控制系统梯形图程序如图 6-10 所示。

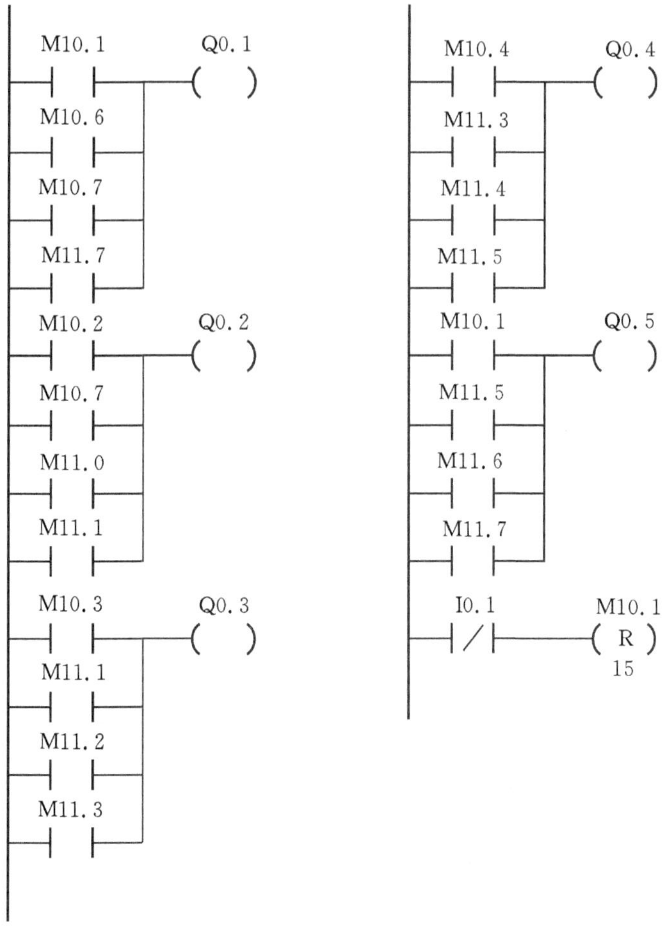
M10.1
Q0.1
M10.6
M10.7
M11.7
M10.2
Q0.2
M10.7
M11.0
M11.1
M10.3
Q0.3
M11.1
M11.2
M11.3
M10.4
Q0.4
M11.3
M11.4
M11.5
M10.1
Q0.5
M11.5
M11.6
M11.7
I0.1
M10.1
R
15

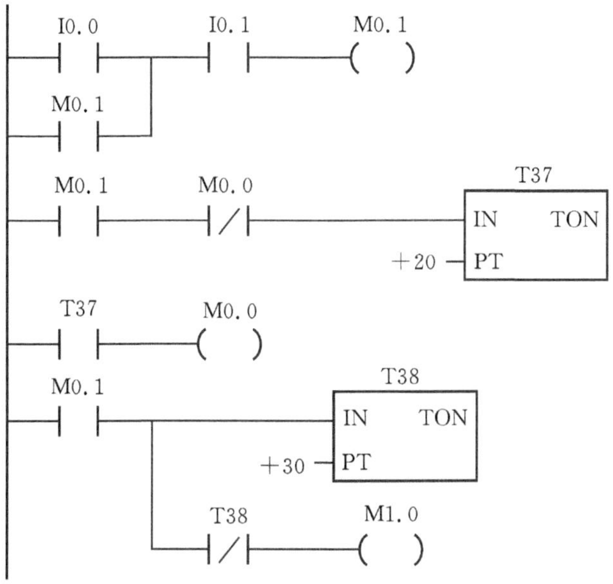
I0.0
I0.1
M0.1
M0.1
M0.1
M0.0
T37
IN
TON
+20
PT
T37
M0.0
M0.1
T38
IN
TON
+30
PT
T38
M1.0

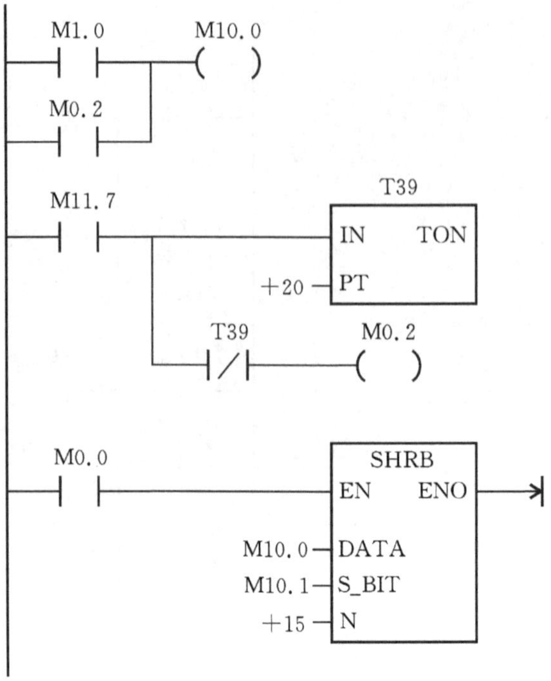

图 6-10 五相步进电机控制系统梯形图程序

6.6 数码管 0～9 的循环控制

控制要求：数码管如图 6-11 所示，要求控制数码管 ABCDEFG 和 DP 段，使数码管以 1 s 为时间间隔分别显示 0123456789 并循环。

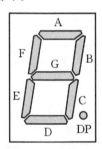

图 6-11 数码管结构图

控制分析：对于数码管的显示，可以采用移位寄存器指令和七段显示译码指令两种方法来实现。采用移位寄存器指令显示 0～9，可以分为 10 步，分别用 M10.0～M11.1 代表每一步，数码管分步显示如表 6-6 所示。例如，第一步要想显示数字 0，则需 Q0.0～Q0.5 点亮即可。

表 6-6　数码管分步显示分配表

分步	第1步 M10.0	第2步 M10.1	第3步 M10.2	第4步 M10.3	第5步 M10.4	第6步 M10.5	第7步 M10.6	第8步 M10.7	第9步 M11.0	第10步 M11.1
Q0.0	1	—	1	1	—	1	1	1	1	1
Q0.1	1	1	1	1	1	—	—	1	1	1
Q0.2	1	1	—	1	1	1	1	1	1	1
Q0.3	1	—	1	1	—	1	1	—	1	1
Q0.4	1	—	1	—	—	—	1	—	1	—
Q0.5	1	—	—	—	1	1	1	—	1	—
Q0.6	—	—	1	1	1	1	1	—	1	1
Q0.7	—	—	—	—	—	—	—	—	—	—

用移位寄存器指令法设计的梯形图程序如图 6-12 所示。

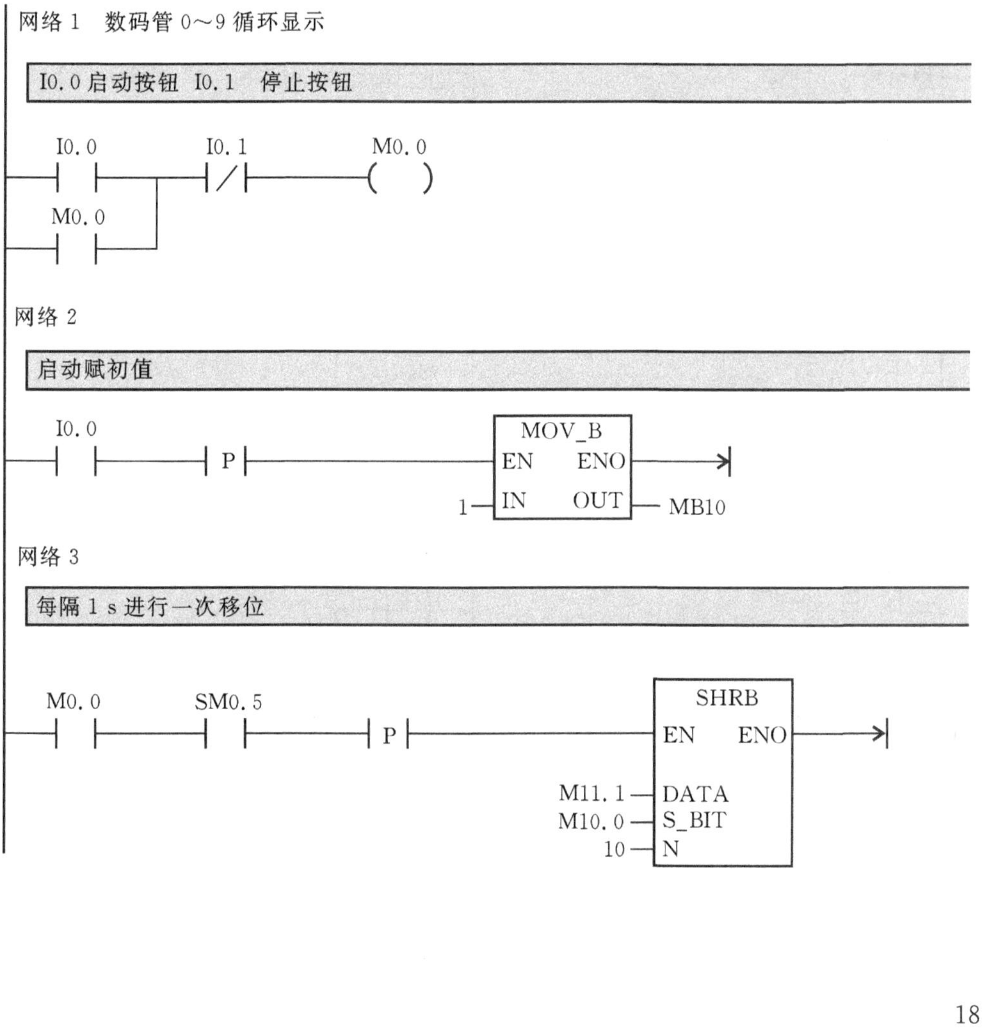

网络1　数码管0～9循环显示

I0.0启动按钮　I0.1　停止按钮

网络2

启动赋初值

网络3

每隔1 s进行一次移位

183

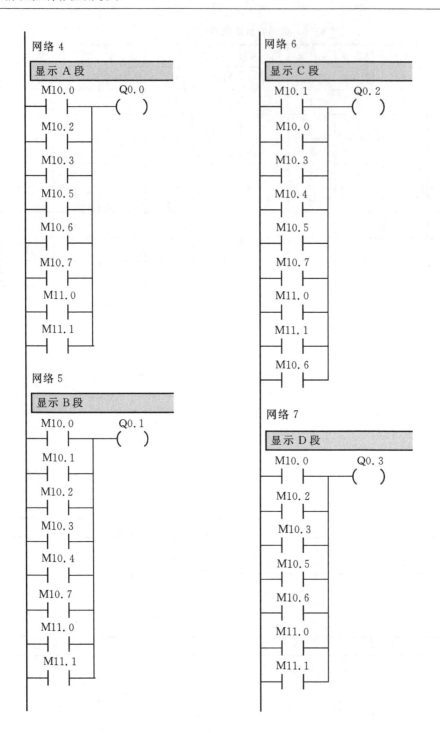

网络 4

显示 A 段

M10.0	Q0.0

M10.2
M10.3
M10.5
M10.6
M10.7
M11.0
M11.1

网络 5

显示 B 段

M10.0	Q0.1

M10.1
M10.2
M10.3
M10.4
M10.7
M11.0
M11.1

网络 6

显示 C 段

M10.1	Q0.2

M10.0
M10.3
M10.4
M10.5
M10.7
M11.0
M11.1
M10.6

网络 7

显示 D 段

M10.0	Q0.3

M10.2
M10.3
M10.5
M10.6
M11.0
M11.1

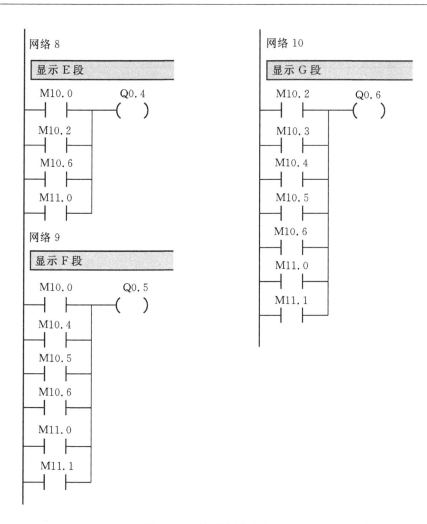

图 6-12   数码管循环显示 0~9(SHRB方法)

方法二:

利用显示译码指令进行数码管显示的程序如图 6-13 所示。

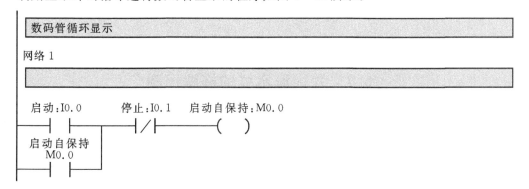

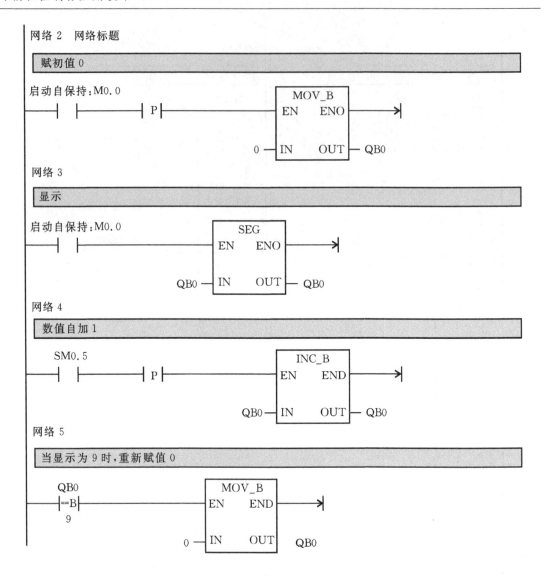

图 6-13 数码管循环显示 0～9(SEG 方法)

6.7 装配流水线的模拟控制

控制要求:起动后,再按一下移位,将按以下规律显示:D→E→F→G→A→D→E→F→
G→B→D→E→F→G→C→D→E→F→G→H→D→E→F→G→A……循环,D、E、F、G 分别是
用来传送的,A 是操作 1,B 是操作 2,C 是操作 3,H 是仓库。装配流水线的模拟控制示意如图
6-14 所示。

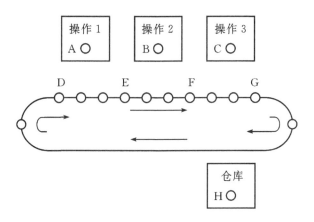

图 6-14　装配流水线的模拟控制示意图

1)I/O 端口分配

根据控制要求,I/O 端口分配情况如表 6-7 所示。

表 6-7　I/O 端口分配表

输入	输出	
起动按钮 SB1:I0.0	A:Q0.0	E:Q0.4
复位按钮 SB2:I0.1	B:Q0.1	F:Q0.5
移位按钮 SB3:I0.2	C:Q0.2	G:Q0.6
—	D:Q0.3	H:Q0.7

2)程序设计

根据控制要求进行程序设计,梯形图程序如图 6-15 所示。

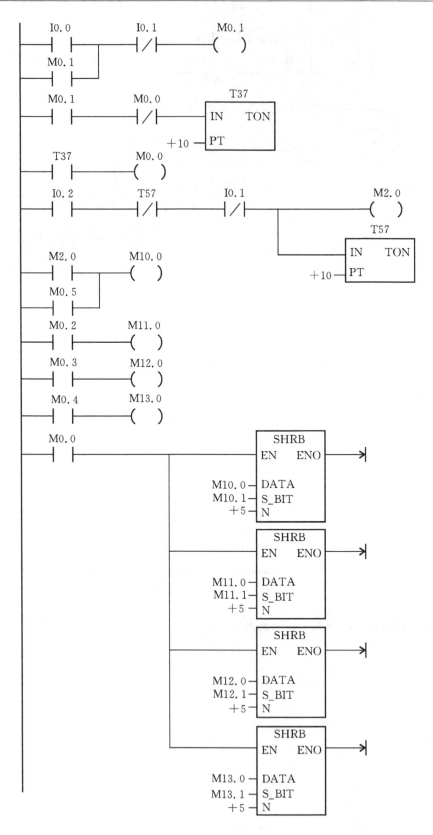

```
    M10.5                    M1.0
 ├──┤ ├──┬──────────┤ P ├──────( )──┤
    M11.5 │
 ├──┤ ├──┤
    M12.5 │
 ├──┤ ├──┤
    M13.5 │
 ├──┤ ├──┘

    M10.0      M1.1
 ├──┤ ├────────( )──┤
                              ┌──────────────┐
    M1.1                      │      T47      │
 ├──┤ ├──────────────────────┤ IN    TON     │
                         +50 ─┤ PT            │
                              └──────────────┘

    M1.1      T47      M20.0
 ├──┤ ├──────┤/├───┬────( )──┤
    M1.2           │
 ├──┤ ├────────────┘
                              ┌──────────────┐
    M20.4                     │      T48      │
 ├──┤ ├──────────────────┬───┤ IN    TON     │
                         +80 ─┤ PT            │
                              └──────────────┘
                          │    T48      M1.2
                          └───┤/├────────( )──┤

                              ┌──────────────┐
    M1.0                      │     SHRB      │
 ├──┤ ├──────────────────────┤ EN     ENO    ├──►
                              │               │
                      M20.0 ──┤ DATA          │
                      M20.1 ──┤ S_BIT         │
                         +4 ──┤ N             │
                              └──────────────┘
                              ┌──────────────┐
    M20.1                     │      T39      │
 ├──┤ ├──────────────────────┤ IN    TON     │
                         +30 ─┤ PT            │
                              └──────────────┘
                              ┌──────────────┐
    T39                       │      T40      │
 ├──┤ ├──────────────────┬───┤ IN    TON     │
                         +15 ─┤ PT            │
                              └──────────────┘
                          │    T40      M0.2
                          └───┤/├────────( )──┤
                              ┌──────────────┐
    M20.0                     │      T41      │
 ├──┤ ├──────────────────────┤ IN    TON     │
                         +30 ─┤ PT            │
                              └──────────────┘
```

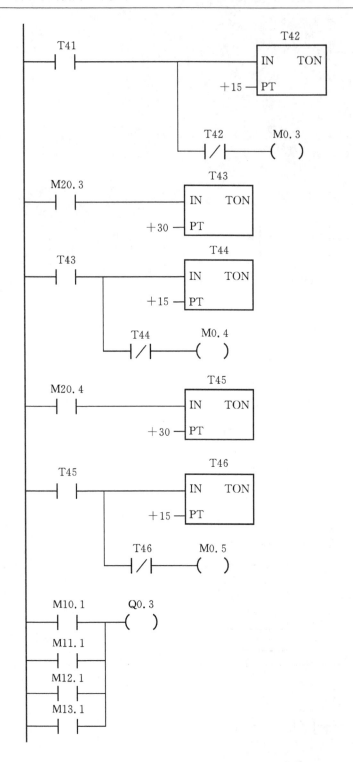

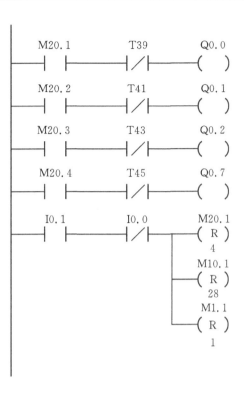

图 6-15　装配流水线梯形图程序

6.8　十字路口红绿灯控制

在十字路口的东、西、南、北方向装设红、绿、黄灯,它们按照一定时序轮流发亮。信号灯受一个启动开关控制,当启动开关接通时,信号灯系统开始工作。首先南、北红灯亮,东、西绿灯亮,南、北红灯亮维持 15 s,东、西绿灯亮维持 10 s;到 10 s 时,东、西绿灯闪亮,绿灯闪亮周期为 1 s(亮 0.5 s,熄 0.5 s),绿灯闪亮 3 s 后熄灭,东、西黄灯亮,并维持 2 s,到 2 s 时,东、西黄灯熄灭,东、西红灯亮,同时南、北红灯熄灭,南、北绿灯亮,绿灯亮维持 10 s;到 10 s 时,南、北绿灯闪亮,绿灯闪亮周期为 1 s(亮 0.5 s,熄 0.5 s),绿灯闪亮 3 s 后熄灭,南、北黄灯亮,并维持 2 s,到 2 s 时,南、北黄灯熄灭,南、北红灯亮,同时东、西红灯熄灭,东、西绿灯亮;开始第二周期的动作,以后周而复始地循环。当启动开关断开时,所有信号灯熄灭。十字路口交通灯控制系统的示意图和时序控制图如图 6-16 所示。

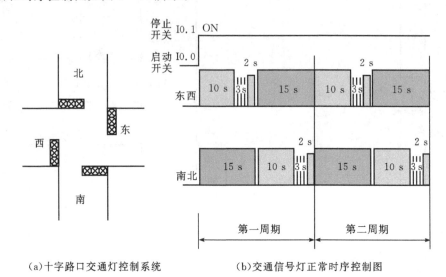

(a)十字路口交通灯控制系统　　　　(b)交通信号灯正常时序控制图

图 6-16　十字路口交通灯控制系统的示意图和时序控制图

1)十字路口交通灯控制系统的 PLC 外部接线

十字路口交通灯控制系统的 PLC 外部接线如图 6-17 所示。

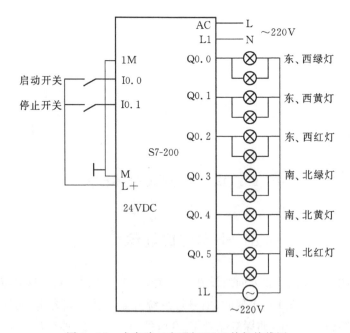

图 6-17　十字路口交通灯 PLC 外部接线图

2)I/O 端口分配

根据控制要求,I/O 端口分配情况如表 6-8 所示。

表 6-8　I/O 端口分配表

输入信号			输出信号		
PLC 地址	电气符号	功能说明	PLC 地址	电气符号	功能说明
I0.0	SB1	起动按钮	Q0.0	HL1	东、西绿灯
I0.1	SB2	停止按钮	Q0.1	HL2	东、西黄灯
—	—	—	Q0.2	HL3	东、西红灯
—	—	—	Q0.3	HL4	南、北绿灯
—	—	—	Q0.4	HL5	南、北黄灯
—	—	—	Q0.5	HL6	南、北红灯

3)程序设计

根据控制要求,可利用定时器和比较指令两种方法进行程序设计,其对应的梯形图程序如图 6-18 和图 6-19 所示。

方法一:定时器方法

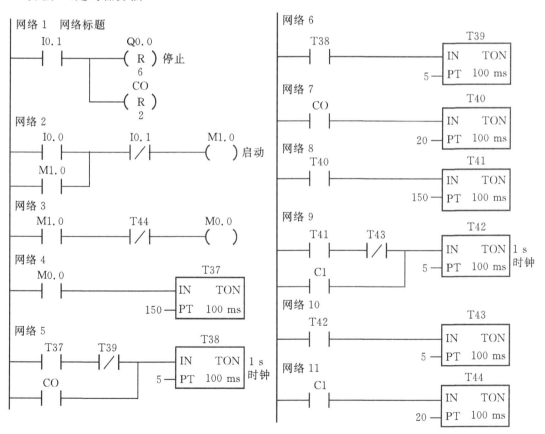

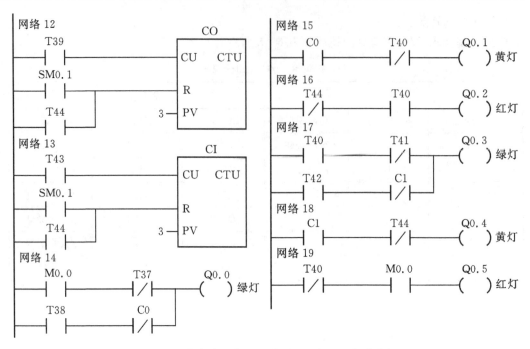

图 6-18 十字路口交通灯梯形图程序——定时器方法

方法二:比较指令方法

网络 1 十字路口红绿灯控制

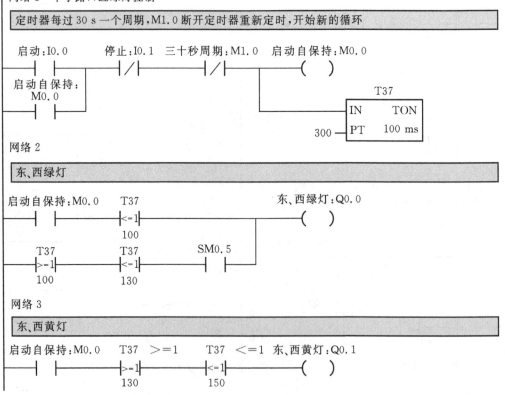

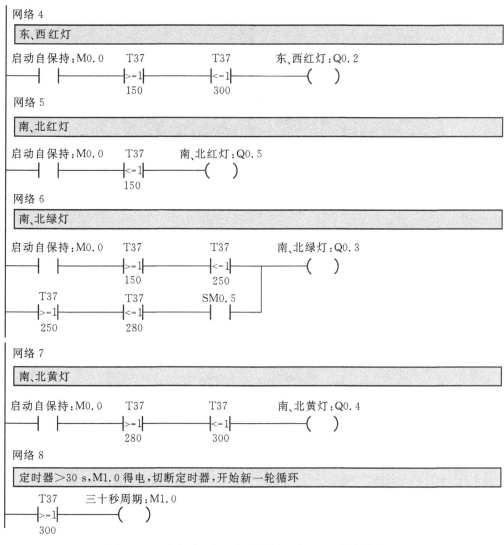

图 6-19　十字路口交通灯梯形图程序——比较指令方法

6.9　机械手的模拟控制

图 6-20 为传送工件的某机械手的工作示意图,其任务是将工件从传送带 A 搬运到传送带 B。

按下起动后,传送带 A 运行直到按一下光电开关才停止,同时机械手下降。下降到位后机械手夹紧物体,2 s 后开始上升,而机械手保持夹紧。上升到位左转,左转到位下降,下降到位机械手松开,2 s 后机械手上升。上升到位后,传送带 B 开始运行,同时机械手右转,右转到位,传送带 B 停止,此时传送带 A 运行直到按一下光电开关才停止循环。

1)I/O 端口分配

根据控制要求,I/O 端口分配情况如表 6-9 所示。

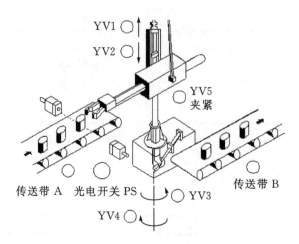

图 6-20 机械手控制示意图

表 6-9 I/O 端口分配表

输入信号			输出信号		
PLC 地址	电气符号	功能说明	PLC 地址	电气符号	功能说明
I0.0	SB1	启动按钮	Q0.1	YV1	上升
I0.5	SB2	停止按钮	Q0.2	YV2	下降
I0.1	SQ1	上升限位	Q0.3	YV3	左转
I0.2	SQ2	下降限位	Q0.4	YV4	右转
I0.3	SQ3	左转限位 SQ3	Q0.5	YV5	夹紧
I0.4	SQ4	右转限位 SQ4	Q0.6	KM	传送带 A
I0.6	PS	光电开关	Q0.7	KM	传送带 B

2)程序设计

根据控制要求进行程序设计,梯形图程序如图 6-21 所示。

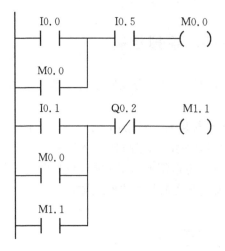

```
    I0.4        Q0.3        M1.4
  ──┤├────┬────┤/├────────(   )
            │
    M0.0    │
  ──┤├──────┤
            │
    M1.4    │
  ──┤├──────┘


    I0.6        M0.0        M1.6
  ──┤├────┬────┤├──────────(   )
            │
    M1.6    │
  ──┤├──────┘


    M0.0        M1.6        Q0.6
  ──┤├────────┤/├──────┬───(   )
                        │
    M11.1      M11.2    │
  ──┤├────────┤/├───────┘


    M1.1  M1.4  M10.1  M10.2  M10.3  M10.4  M10.5  M10.6
  ──┤├──┤├──┤/├──┤/├──┤/├──┤/├──┤/├──┤/├──┤/├──────→

         M10.7      M11.0      M11.1      M1.6      M10.0
  ←──────┤/├────────┤/├────────┤/├────────┤├────────(   )


    I0.5        M0.0
  ──┤├────────┤├──────────( R )
                           255


    M10.0                                      ┌──────────────┐
  ──┤├─────────────────────────────────────EN │ SHRB    ENO  ├──→
    M10.1      I0.2                            │              │
  ──┤├────────┤├──┐                  M10.0 ──DATA            │
    M10.2      T37 │                  M10.1 ──S_BIT          │
  ──┤├────────┤├──┤                   +10  ──N              │
    M10.3      I0.1 │                           └──────────────┘
  ──┤├────────┤├──┤
    M10.4      I0.3 │
  ──┤├────────┤├──┤
    M10.5      I0.2 │
  ──┤├────────┤├──┤
    M10.6      T38 │
  ──┤├────────┤├──┤
    M10.7      I0.1 │
  ──┤├────────┤├──┤
    M11.0      I0.4 │
  ──┤├────────┤├──┤
    M11.1      I0.6 │
  ──┤├────────┤├──┘
```

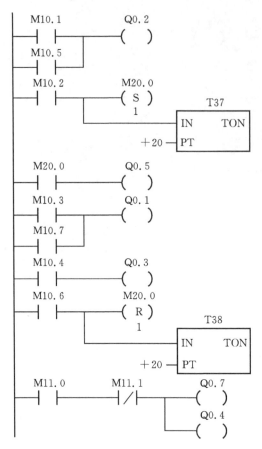

图 6-21 机械手梯形图控制程序

6.10 三层电梯的模拟控制

控制要求:把可编程控制器拨向 RUN 后,按其他按钮都无效,只有按 SQ1,才有效,E1 亮,表示电梯原始层在一层。

电梯停留在一层:

(1)按 SB5 或 SB6(SB2)或 SB5,SB6(SB2),电梯上升,按 SQ2,E1 灭,E2 亮,上升停止。

(2)按 SB7(SB3),电梯上升,按 SQ3 无反应,应先按 SQ2,E1 灭,E2 亮,电梯仍上升,再按 SQ3,E2 灭,E3 亮,电梯停止。

(3)按 SB5,SB7(SB3),电梯上升,按 SQ2,E1 灭,E2 亮,电梯仍上升,按 SQ3,E2 灭,E3 亮,电梯停止 2 s 后下降,按 SQ2,E3 灭,E2 亮,电梯停止。

(4)按 SB6(SB2),SB7(SB3),电梯上升,按 SQ2,E1 灭,E2 亮,电梯停止 2 s 后上升,按 SQ3,E2 灭,E3 亮,电梯停止。

(5)按 SB5,SB6(SB2),SB7(SB3),电梯上升,按 SQ2,E1 灭,E2 亮,电梯停止 2 s 后上升,按 SQ3,E2 灭,E3 亮,电梯停止 2 s 后下降,按 SQ2,E3 灭,E2 亮,电梯停止。

电梯停留在二层:

(1)按 SB7(SB3),电梯上升,反方向呼叫无效,按 SQ3,E2 灭,E3 亮,电梯停止。

(2)按 SB3(SB1),电梯下降,反方向呼叫无效,按 SQ1,E2 灭,E1 亮,电梯停止。

电梯停留在三层的情况跟停留在一层的情况类似。

1)I/O 端口分配

根据控制要求,I/O 端口分配情况如表 6-10 所示。

表 6-10　I/O 端口分配表

输入	输出
内呼一层 SB1:I0.1	一层指示灯 E1:Q0.1
内呼二层 SB2:I0.2	二层指示灯 E2:Q0.2
内呼三层 SB3:I0.3	三层指示灯 E3:Q0.3
一层上呼 SB4:I0.4	一层呼叫灯 E4:Q0.4
二层下呼 SB5:I0.5	二层向下呼叫灯 E5:Q0.5
二层上呼 SB6:I0.6	二层向上呼叫灯 E6:Q0.6
三层下呼 SB7:I0.7	三层呼叫灯 E7:Q0.7
一层到位开关 SQ1:I1.0	轿厢下降 KM1:Q1.0
二层到位开关 SQ2:I1.1	轿厢上升 KM2:Q1.1
三层到位开关 SQ3:I1.2	—

2)程序设计

根据控制要求进行程序设计,梯形图程序如图 6-22 所示。

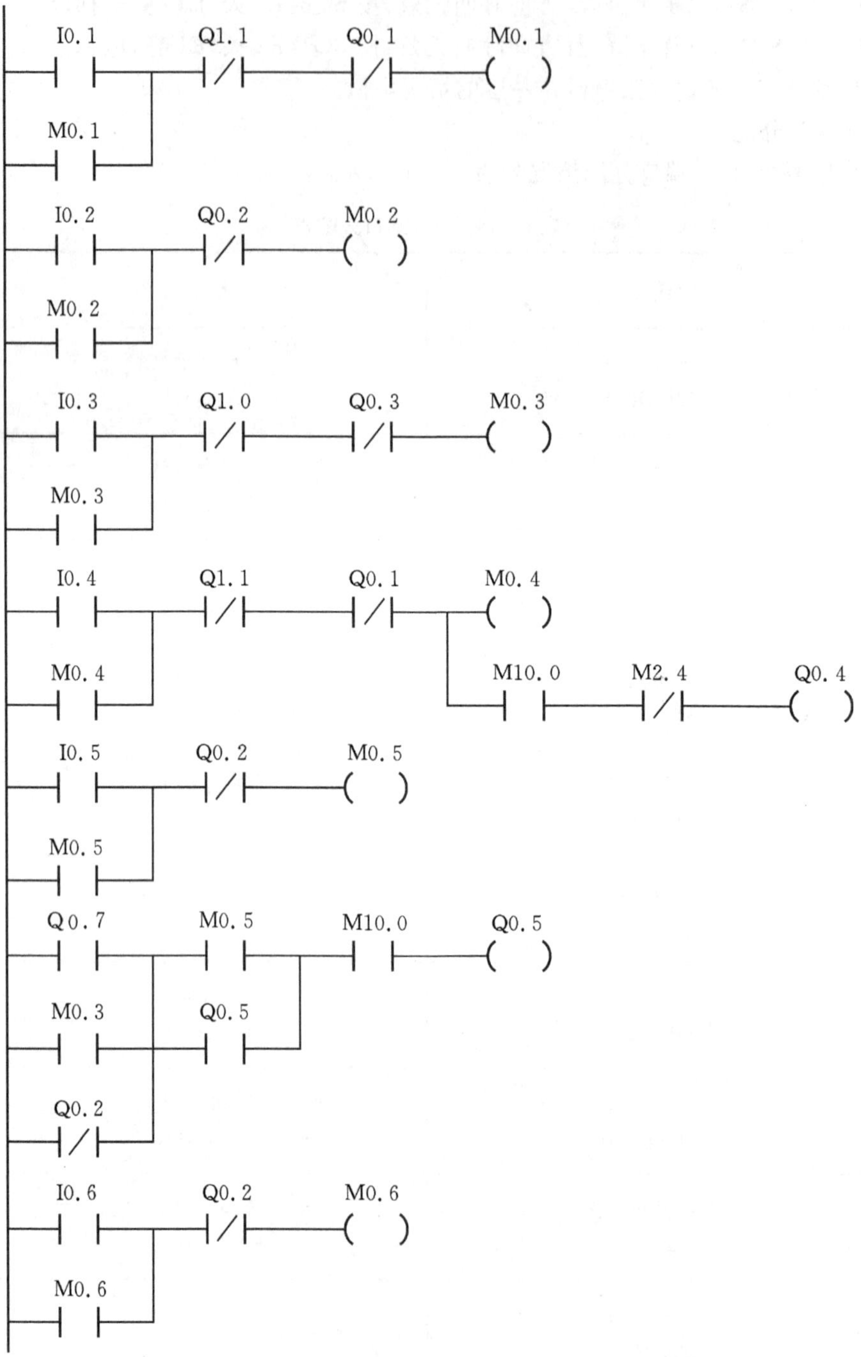
I0.1
Q1.1
Q0.1
M0.1
M0.1
I0.2
Q0.2
M0.2
M0.2
I0.3
Q1.0
Q0.3
M0.3
M0.3
I0.4
Q1.1
Q0.1
M0.4
M0.4
M10.0
M2.4
Q0.4
I0.5
Q0.2
M0.5
M0.5
Q0.7
M0.5
M10.0
Q0.5
M0.3
Q0.5
Q0.2
I0.6
Q0.2
M0.6
M0.6

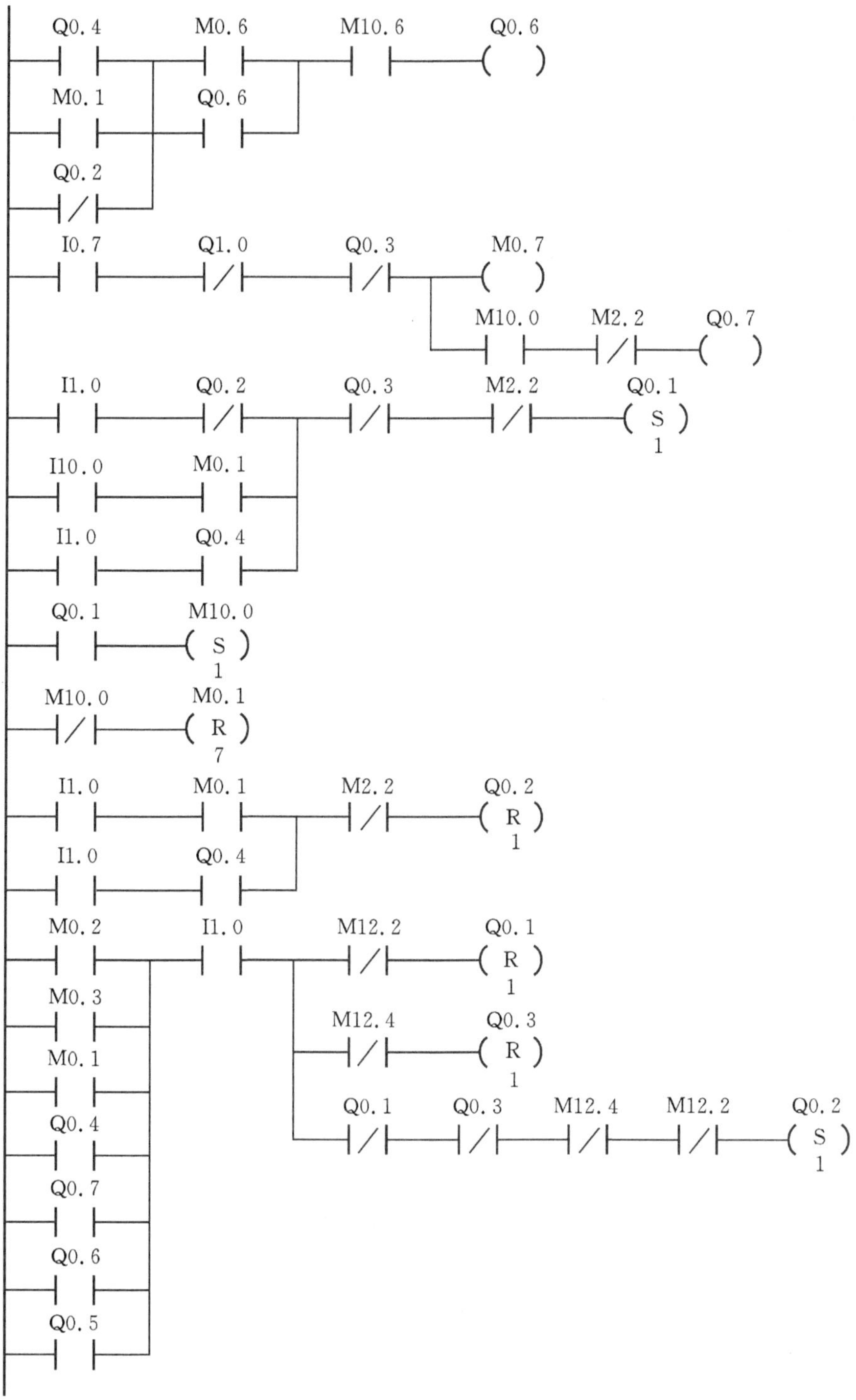
Q0.4
M0.6
M10.6
Q0.6
M0.1
Q0.6
Q0.2
I0.7
Q1.0
Q0.3
M0.7
M10.0
M2.2
Q0.7
I1.0
Q0.2
Q0.3
M2.2
Q0.1
S
1
I10.0
M0.1
I1.0
Q0.4
Q0.1
M10.0
S
1
M10.0
M0.1
R
7
I1.0
M0.1
M2.2
Q0.2
R
1
I1.0
Q0.4
M0.2
I1.0
M12.2
Q0.1
R
1
M0.3
M12.4
Q0.3
R
1
M0.1
Q0.1
Q0.3
M12.4
M12.2
Q0.2
S
1
Q0.4
Q0.7
Q0.6
Q0.5

```
  M11.2      M0.3       M2.4       Q0.2
 ──┤ ├──────┤ ├──┬──────┤/├──────( R )
                 │                    1
  M11.2      Q0.7│       Q0.1      M2.4       Q0.3
 ──┤ ├──────┤ ├──┴──┬────┤/├──────┤/├──────( S )
                                             1
  T39        Q0.2    Q0.3      Q1.0      M10.0     M2.2      M12.2     Q1.1
 ──┤ ├──┬────┤/├──┬──┤/├──────┤/├──────┤ ├──────┤/├──────┤/├──────( )
  Q1.1 │         │
 ──┤ ├──┤         │
  M0.2 │         │
 ──┤ ├──┴─────────┤
  Q0.7            │
 ──┤ ├────────────┤
  Q0.6            │
 ──┤ ├────────────┤
  Q0.5            │
 ──┤ ├────────────┘

  T40        Q0.2    Q0.1      Q0.1      M10.0     M2.4      M12.4     Q1.0
 ──┤ ├──┬────┤/├──┬──┤/├──────┤/├──────┤ ├──────┤/├──────┤/├──────( )
  Q1.0 │         │
 ──┤ ├──┤         │
  M0.2 │         │
 ──┤ ├──┴─────────┤
  M0.1            │
 ──┤ ├────────────┤
  M0.4            │
 ──┤ ├────────────┤
  M0.5            │
 ──┤ ├────────────┤
  M0.6            │
 ──┤ ├────────────┘

  M0.2       M0.1              M2.1
 ──┤ ├──┬────┤ ├──┬───┤N├────( )
  Q0.5 │    Q0.4 │
 ──┤ ├──┴────┤ ├──┘
```

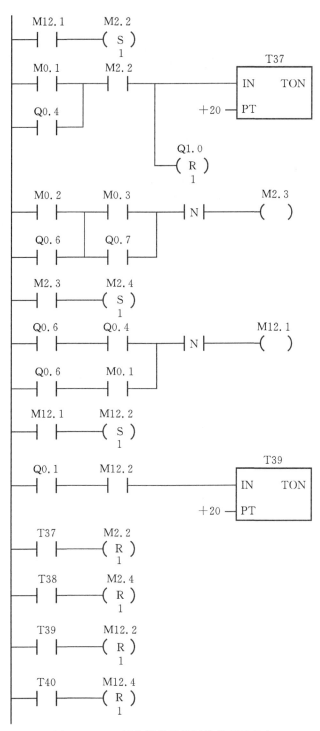

图 6-22　三层电梯模拟控制的梯形图程序

第7章　S7-200系列PLC的通信及其应用

7.1　S7-200系列PLC通信及设置

S7-200支持丰富的通信网络,支持有PPI,自由口(包括Modbus和USS),AS-i,Profibus,MPI,以太网(S7)等协议,可以与各种系统实现数据交换。S7-200系统中,PPI,MPI,PROFI-BUS-DP协议都可以在RS-485网络上通信。RS-485是S7-200最常用的电气通信基础。

1. PPI网络

PPI协议是专门为S7-200开发的通信协议,利用此方式可以实现S7-200 PLC间的数据交换。S7-200 CPU的通信口(Port0/Port1)支持PPI通信协议。通信中,主站设备将请求发送至从站设备,然后从站设备进行响应。具体如图7-1所示。

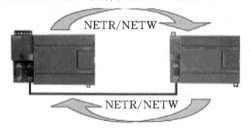

图7-1　S7-200 PLC间的数据交换

S7-200的一些通信模块也支持PPI协议。S7-200 CPU的PPI网络通信是建立在RS-485网络的硬件基础上,因此其连接属性和需要的网络硬件设备是与其他RS-485网络一致的。PPI协议主要特点是:

①主从协议,网络中至少有一个主站;

②令牌环网,令牌在PPI主站之间传递;

③S7-200既可以做PPI主站,也可以做PPI从站。

④通信速率可设为9.6 kbps,19.2 kbps和187.5 kbps。

⑤西门子内部协议。

PPI网络主要有四种应用:

①Micro/WIN软件对CPU的编程监控。

②S7-200之间的数据交换。

③S7-200与人机界面(HMI)的通信。

④S7-200与上位机的OPC通信。

使用网络读写(PPI)通信时需要注意以下几点:

第一,只有PPI主站需要配置或编程,从站不需要配置;

第二,主站既可以读写从站的数据,也可以读写另一个主站的数据;

　　第三,在一个 PPI 网络中,与一个从站通信的主站的个数没有限制,但是一个网络中主站的个数不能超过 32 个;

　　第四,由于 S7-200 CPU 集成的通信口是非隔离的。因此在一个 PPI 通信网络中,一个网段的距离不能超过 50 m。如果通信距离超出 50 m,应在通信网络中使用中继器。如图 7 – 2 所示。

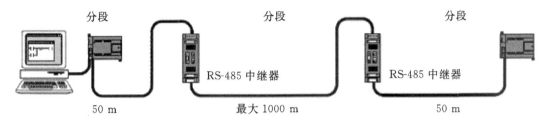

图 7 – 2　PPI 通信网络分布

2. MPI 网络

　　MPI(Multipoint interface)是 SIMATICS7 多点通信的接口,是一种适用于少数站点间通信的网络,在网络结构中属于单元级和现场级,多用于连接上位机和少量 PLC 之间近距离通信。通过电缆和接头,将 PLC 的 MPI 编程口相互连接以及与上位机网口的编程口(MPI/DP 口)连接即可实现。MPI 主要特点如下:

　　①主从协议,网络中至少有一个主站。

　　②令牌环网,令牌在 MPI 主站之间传递。

　　③S7-200 只能做 MPI 从站。

　　④MPI 网络中最多只能有 32 个站。

　　⑤通信速率可设为 19.2 kbps 或 187.5 kbps。

　　⑥西门子内部协议。

　　S7-200 的 MPI 网络主要有三种应用:

　　①S7-200 与 S7-300/400 等控制器通信。

　　②S7-200 与触摸屏通信。

　　③Micro/WIN 或上位机软件对 S7-200 的编程与监控。

　　MPI 协议网络结构如图 7 – 3 所示。通过在计算机或编程设备中插入一块多点接口(MPI

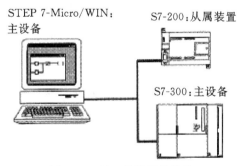

图 7 – 3　MPI 协议网络结构

卡,如 CP5611)组成多站网络,而 S7-300/400 CPU 上自带编程 MPI 编程口。编程口通信是一种对通信速率要求不高,通信数据量不大的通信方式。

3. Profibus 网络

S7-200 通过扩展 EM277 模块实现 Profibus DP 通信,适用于传输中、小量的数据。Profibus DP 网络是一种电气网络,物理传输介质可以是屏蔽双绞线、光纤或无线传输。其特点主要有:

①主从协议,网络中至少有一个主站。

②令牌环网,令牌在 Profibus 主站之间传递。

③S7-200 通过扩展 EM277 只能做 Profibus 网络从站。

④通信速率 9.6 kbps~12 M。

S7-200 的 Profibus 网络主要应用场合同 MPI。与 MPI 网络对比,其优点主要体现在四个方面:

①通信速率,Profibus 最高可达 12 M。

②通信站点数,Profibus 网络可以有 127 个节点。

③通信数据量,MPI 网络不超过 84 字节,Profibus 网络一次可传输 244 个字节数据(EM277 为 64 个字节)。

④开放,Profibus 是开放的协议,而且是国际和我国的现场总线标准,有丰富的设备支持。

在 S7-200 中,CPU222、CPU224 和 CPU226 都可以通过增加 EM277 模板支持 Profibus 协议,如图 7-4 所示。主站初始化网络,验证网络上的从属装置是否与配置相符,可将输出数据连续地写入从属装置,以及从中读出输入数据。若网络中有 2 个主站,则它只能访问第一个主站的从站。

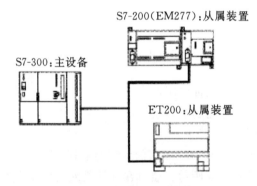

图 7-4 Profibus 网络结构

4. 以太网

S7-200PLC 可以通过智能扩展模块 CP243-1 连接至工业以太网中。这样,S7-200 之间就可以通过以太网进行数据交换,使用以太网通信需要注意以下几点:

第一,S7-200 与 S7-200 之间采用以太网通信方式必须增加 CP243-1 以太网通信模块,且一个 S7-200CPU 只能连接一个 CP243-1 扩展模块;

第二,CP243-1 不是即插即用模块,需先通过 Step 7 Micro/Win 编程软件对其组态;

第三,CP243-1 可同时与最多 8 个以太网 S7 控制器通信,即建立 8 个 S7 连接。

S7-200 的以太网模块 CP243-1 有下列特点:

①10 M/100 M 速率自适应。

②传输数据量大(212 字节/读写指令)。

③服务器-客户机结构。

④可同时与 8 个 S7 控制器通信。

⑤使用 S7 协议,方便与 S7 设备通信。

⑥S7 协议是西门子内部协议。

S7-200 以太网主要有四方面应用:

①S7-200 之间通信。

②S7-200 与其他 S7 控制器(如 S7-300/400)通信。

③S7-200 与触摸屏通信。

④Micro/WIN 或上位机软件对 S7-200 的编程和监控。

S7-200 之间的以太网通信设置如下:

1)S7-200 作为服务器(Server)端

S7-200 作为 Server 端时,只响应 Client 端的数据请求,不需要编程,只要组态 CP243-1 就可以了。

(1)选择"工具"菜单下的"以太网向导",如图 7-5 所示。

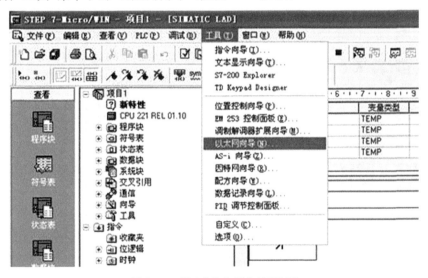

图 7-5　进入"以太网向导"界面

(2)打开"以太网向导",简单介绍 CP243-1 及以太网的有关信息,点击"下一步",如图 7-6 所示。

(3)设置 CP243-1 模块的位置,如不能确定,可以点击"读取模块"由软件自动探测模块的位置,点击"下一步",如图 7-7 所示。

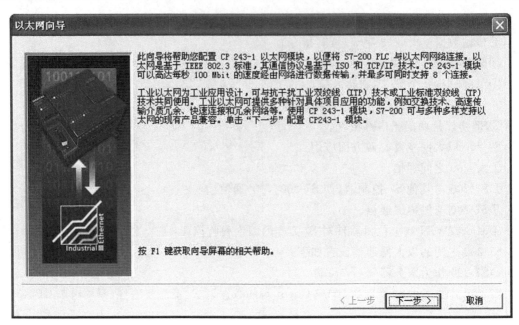

图 7-6 打开"以太网向导"界面

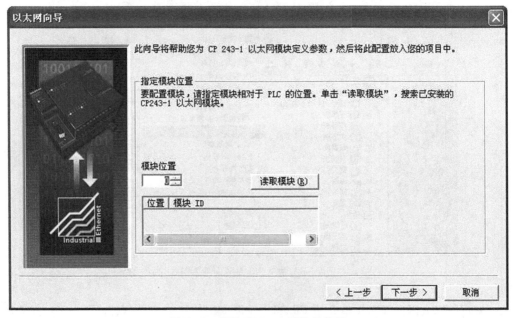

图 7-7 设置 CP243-1 模块的位置

(4)设定 CP243-1 模块的 IP 地址和子网掩码,并指定模块连接的类型(本例选为自动检测通信),点击"下一步",如图 7-8 所示。

(5)确定 PLC 为 CP243-1 分布的输出口的起始字节地址(一般使用缺省值即可)和连接数据数,点击"下一步",如图 7-9 所示。

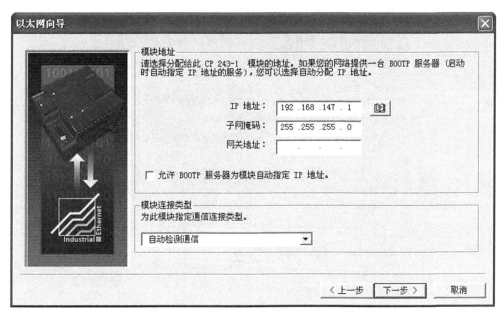

图 7 - 8　设定 CP243-1 模块的 IP 地址和子网掩码

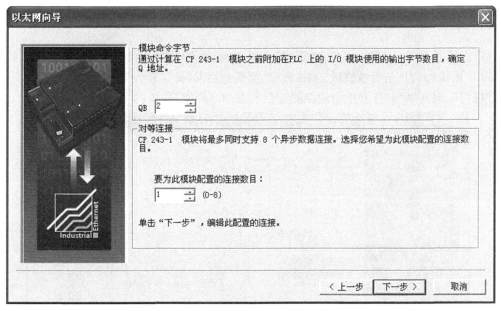

图 7 - 9　确定输出口的起始字节地址

(6)设置本机为服务器,并设置客户机的地址和 TSAP。

TSAP:由两个字节构成,第一个字节定义了连接数,其中:

①Local TSAP 范围:16♯01,16♯10～16♯FE

②Remote TSAP 范围:16♯01,16♯03,16♯10～16♯FE

第二个字节定义了机架号和 CP 槽号。

如果只有一个连接,可以指定对方的地址,否则可以选中接受所有的连接请求。

"保持活动"功能是 CP243-1 以设定的时间间隔来探测通信的状态,此时间的设定在下步设定,如图 7 - 10 所示。

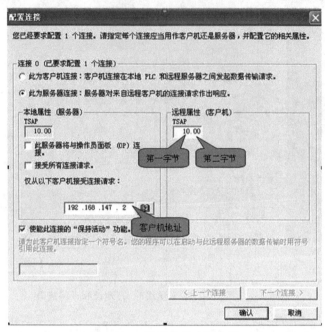

图 7 - 10　设置本机为服务器

(7)选择是否需要 CRC 保护,如选择了此功能,则 CP243-1 在每次系统重启时,就校验 S7-200 中的组态信息是否被修改,如被改过,则停止启动,并重新设置 IP 地址。

"保持活动间隔"即是上步中的探测通信状态的时间间隔,如图 7 - 11 所示。

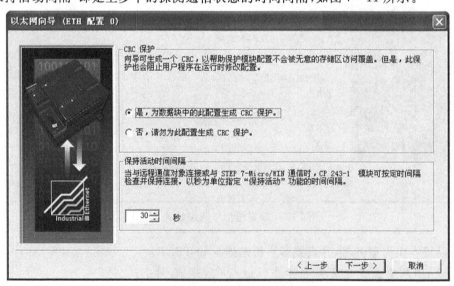

图 7 - 11　CRC 保护设置

(8)选定 CP243-1 组态信息的存放地址,此地址区在用户程序中不可再用,如图 7 - 12 所示。

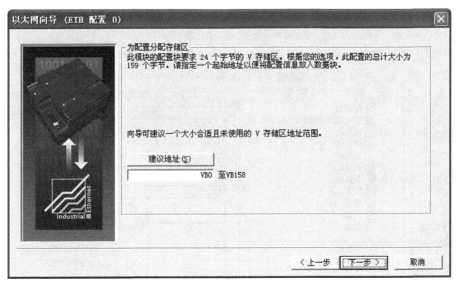

图 7 - 12　选定 CP243-1 组态信息的存放地址

(9)至此,S7-200 服务器端的以太网通信已经组态完毕,如图 7 - 13 所示,给出了组态后的信息。点击"完成"保存组态信息。

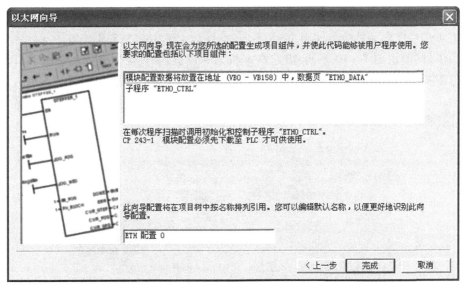

图 7 - 13　以太网通组态建立完毕

(10)在程序中调用子程序"ETH0_CTRL",如图 7 - 14 所示。

参数说明:ETH0_CTRL 为初始化和控制子程序,在开始时执行以太网模块检查。应当在每次扫描开始调用该子程序,且每个模块仅限使用一次该子程序。每次 CPU 更改为 RUN (运行)时,该指令命令 CP243-1 以太网模块检查 V 组态数据区是否存在新配置。如果配置不同或 CRC 保护被禁用,则用新配置重设模块。

当以太网模块准备从其他指令接收命令时,CP_Ready 置 1。Ch_Ready 的每一位对应一个指定,显示该通道的连接状态。例如,当通道 0 建立连接后,位 0 置 1。Error(错误)包含模

图 7-14 命令的调用

块通信状态。

2)S7-200 作为客户端

S7-200 作为客户(Client)端时,组态过程的第一到第五步同 S7-200 做 Server 时相同,但注意在第 4 步中客户端的地址同图 7-8 不同,需设为 192.168.147.2。

第六步,同前边图 7-10 不同,需选择本机为客户机,并设定服务器的地址和 TSAP。由于客户机需要组态发送或接收服务器的数据,点击"数据传输"按钮,如图 7-15 所示。

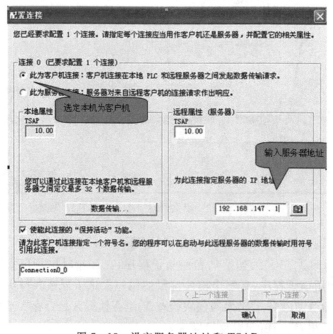

图 7-15 设定服务器地址和 TSAP

第七步,在弹出的画面中点击"新传输",如图 7 - 16 所示。

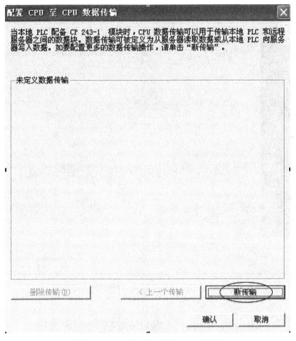

图 7 - 16　"新传输"点击界面

第八步,选择客户机是接收还是发送数据到服务器及接收和发送的数据区,如有多个数据传输(最多 32 个,0~31),可按"新传输"按钮定义新的数据传输,如图 7 - 17 所示。

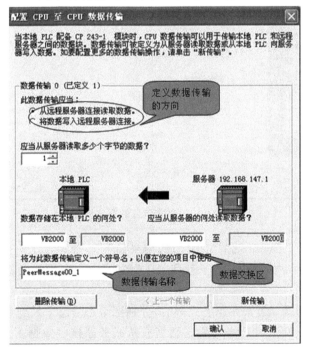

图 7 - 17　数据传输的配置

第九步,选择是否有 CRC 保护及保持活动的间隔时间,如图 7－18 所示。

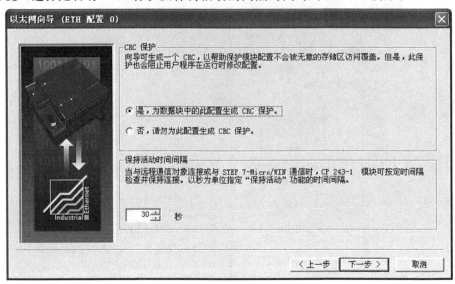

图 7－18　CRC 保护及保持活动的间隔时间

第十步,选择 CP243-1 组态信息的存放地址,如图 7－19 所示。

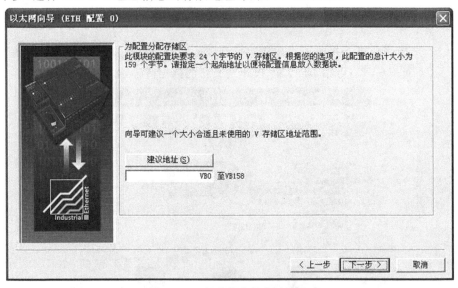

图 7－19　组态信息的存放地址

第十一步,CP243-1 Client 端的组态完成,结果如下。

ETH0_CTRL 为初始化和控制子程序,ETCH0_XFR 为数据发送和接收子程序,如图 7－20所示。

第十二步,服务器端和客户端组态完毕后,分别把组态信息下载到 PLC 中,在客户端就可以利用子程序 ETH0_XFR 向服务器发送数据或从服务器接收数据了。在客户端,程序中调用以太网子程序如图 7－21 所示。

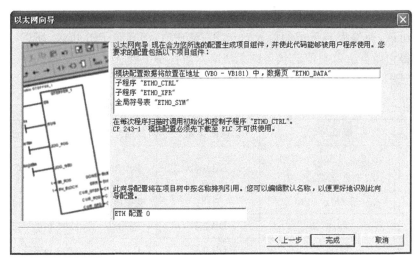

图 7-20　客户端组态完成

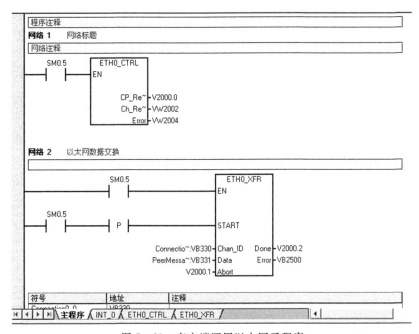

图 7-21　客户端调用以太网子程序

子程序参数说明如下：

START：＝1 时触发数据交换；

Chan_ID：连接号（0～7），也可输入连接名称（如本例中的 Connection00_1）；

Data：数据传输号（0～31），也可输入数据传输的名称（如本例中的 PeerMessage00_1）；

Error：通信状态（可查看通信的错误信息）。

5. 自由口

对于 S7-200 系列的 PLC 而言，本体上存在着一个或两个 RS-485 通信接口，这种接口即可实现 S7-200 串口通信的功能，这类串口既可以做编程和监控，也可以做自由口通信。但在其运行自由口通信程序时,无法对其进行监控。这是因为对于同一个口而言在同一个时刻只能支持一种协议,而编程与下载的协议对于 S7-200PLC 而言是 PPI 协议,所以一旦在程序运行过程中使得它做自由口通信的状态则无法对其监控和下载。

表 7-1 是 Modbus、USS 以及自由口通信的一些参数。

表 7-1 Modbus、USS 和自由口通信参数

协议类型	端口位置	接口类型	传输介质	通信速率
Modbus	S7-200 主站:Port0/1 S7-200 从站:Port0	DB-9 针	RS-485	1200 bit/s～115.2 kbit/s
	EM241	RJ11	模拟电话	33.6 kbit/s
USS	Port0/1	DB-9 针	RS-485	1200 bit/～115.2 kbit/s
自由口	Port0/2	DB-9 针	RS-485	1200 bit/～115.2 kbit/s

选择自由口模式后,用户程序就可以完全控制通信端口的操作,通信协议也完全受用户程序控制。S7-200 CPU 上的通信口在电气上是标准的 RS-485 半双工串行通信口。

1)自由口通信硬件

西门子 S7-200 系列 PLC 的自由口是基于 RS-485 的硬件,采用正负两根信号线作为传输线路。两线间的电压差为 +2～+6 V 表示逻辑"1";两线间的电压差为 -6～-2 V 表示逻辑"0"。

西门子串口的插头是九针标准插头,其中各个针脚的定义在下表 7-2 中得以体现,最重要的两根线是表中红线标出的 3 号脚和 8 号脚,也就是通常说的"3 正 8 负",其中 3 对应信号 B,8 对应信号 A,其他的引脚可以完成一些额外的功能,比如 24 V 直流电的供应,5 V 直流电的供应以及发送请求等。但是对于最基本的串口通信而言,3 脚和 8 脚两根线就足够。

表 7-2 九针标准插头各针脚定义

连接器	针	PROFIBUS 名称	端口 0/端口 1
![九针插头 1 2 3 4 5 / 6 7 8 9]	1	屏蔽	机壳接地
	2	24 V 返回	逻辑地
	3	RS-485 信号 B	RS-485 信号 B
	4	发送申请	RTS(TTL)
	5	5 V 返回	逻辑地
	6	+5 V	+5 V/100 Ω 串联电阻器
	7	+24 V	+24 V
	8	RS-485 信号 A	RS-485 信号 A
	9	不用	10 位协议选择
连接器外壳		屏蔽	机壳接地

对于一根线上通过这两根线就可以完成如此复杂的通信过程,它的传输逻辑一个是"1"一个是"0",对于一个完整的报文帧而言,它的格式从下图中可以看出,首先包括一位起始位,中间是 7 或 8 位数据位,接下来是一位校验位或者没有校验位,最后附上一个停止位,从起始位到停止位是一个报文的全部内容,起始位在传输过程当中被永远定义为逻辑 0,7 或 8 位数据位 0 或 1 的逻辑状态完全取决于数据等于多少,校验位可有可无,如果有的话还分为奇校验和偶校验,它最终的逻辑是取决于前面数据位的组合关系,停止位固定为 1。在整个报文帧之外的范围内,线上的状态为 1,即为空闲状态。

2)自由口通信基本格式

对于每一个字符的传输格式,它具有 1 位起始位,7 或 8 位的数据位,0 或 1 位的校验位以及 1 位停止位,如下表 7 - 3 所示。

表 7 - 3　字符传输格式

起始位	数据位	校验位	停止位
1 bit	7/8 bit	0/1 bit	1 bit

而每一个传输字符的 RS-485 电平,起始位固定为 0,数据位和校验位是随机的,停止位固定为 1。

自由口通信速波特率可以设置为 1200 bps、2400 bps、4800 bps、9600 bps、19200 bps、38400 bps、57600 bps 或 112500 bps。凡是符合这些格式的串行通信设备,理论上都可以和 S7-200 CPU 通信。Modbus 和 USS 就是自由口通信的一种实现。

3)发送指令和接受指令的使用

自由口的指令一共有两条,一条是发送指令,一条是接收指令。发送和接收指令较为基本,例如 A 和 B 两个通信对象,A 发送一个报文给 B,这是一个发送的过程,B 接收到 A 发送给它的报文,这是接收的过程。

发送的指令叫 XMT 指令(如下图 7 - 22),可见它的激活条件必须是一个沿触发,得到沿的时机即为发送指令,向外发送数据的时机。PORT 代表的是哪个口向外发数据,CPU224 XP 以上的 S7-200 系列 PLC 有两个通信口,PORT＝0 的时候表示由 0 口向外发送数据,

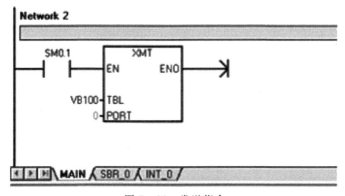

图 7 - 22　发送指令

PORT＝1 的时候表示由 1 口向外发送数据。对于 TBL 而言,这是一个标示着发送数据的地址位,发送的数据格式如下表 7-4 所示。

表 7-4　发送数据格式

地址(BYTE)	TBL	TBL＋1	TBL＋2	TBL＋3	···	TBL＋n
数据	n	被发送的数据				

在 TBL 所指的数据区的第一个数据指的是待发送缓冲区的数据长度,从 TBL＋1 开始则是被发送的数据,被发送数据的长度最多为 255 个。在上面的程序中,TBL＝VB100,VB100 当中存的就是待发送数据的数据长度,以字节为单位,若 VB100＝5,则被发送的数据是 VB101～VB105,VB100 本身并不会被发送出去,它仅仅表示被发送数据的长度和位置。

在应用自由口通信时,发送的过程往往比较简单,几乎所有和协议有关的东西都在接收程序里。

接收的指令叫作 RCV 指令(如图 7-23),该指令同样使用沿触发,PORT 同样表示使用 0 口还是 1 口,TBL 定义的是已经接收了的数据的长度,从 TBL＋1 开始则是已经接收到的数据,n 同样是小于 255。接收数据格式如表 7-5 所示。

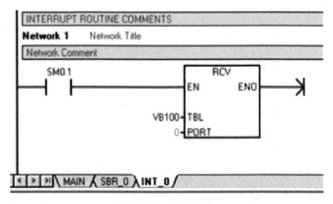

图 7-23　接收指令

表 7-5　接收数据格式

地址(BYTE)	TBL	TBL＋1	TBL＋2	TBL＋3	···	TBL＋n
数据	n	接收到的数据				

例如在上面的程序中,若 VB100＝5,则已经接收到的数据是 VB101 到 VB105。

在接收过程当中,可以通过 SMB86(PORT0)/SMB186(PORT1)来监视接收状态。SMB86/SMB186＝0 时,表示接收正在进行,否则表示接收已终止。

4)接收过程

接收过程首先执行 RCV 指令,启动接收,启动之后会进入一种接收等待的状态,等待起始状态的满足,当起始条件满足以后 SMB86/186＝0,此时数据将按照发送的顺序进入信息缓冲区,直到结束条件的满足,结束条件满足以后 SMB86/186 不再等于 0,之后接收过程结束并产生接收信息完成中断。在整个过程中最为重要的就是起始条件和结束条件,想要将自由口通信学好,这两个条件是必不可少也是最为关键的部分,图 7-24 为接收过程流程图。

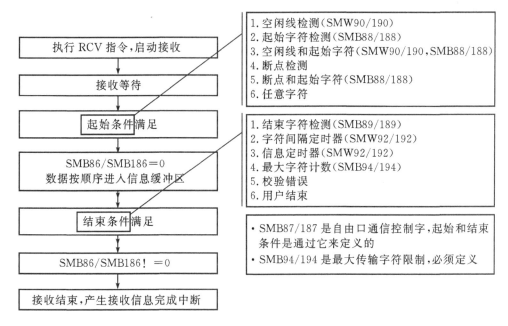

图 7-24　接收过程流程图

(1)起始条件。上图 7-24 中起始条件分为 6 种。

①空闲线检测:所谓空闲线检测指的是如果传输线路上的空闲时间大于等于 SMW90/190 里面所设置的时间的话被认为是一次接收的启动,空闲时间是从 RCV 被执行的一刻起开始记录,如果在空闲线时间未到的情况下有字符传输进来,那么空闲线时间的计时器将会被重新启动。

②起始字符检测:对于起始字符的检测是设置在 SMB88/188 中的一个字符,如果在传输线路中收到了与 SMB88/188 中设置的起始字符相同的字符,那么被认为是起始条件的满足,从这一刻起传输线路上接收到的数据将会陆续地按顺序进入信息缓冲区,如果检测不到起始字符,则始终处于接收等待的状态。

③空闲线和起始字符:它是第一点和第二点的结合,即二者同时满足的前提下才能够被认为是一次起始条件的满足。

④断点检测:断点指的是在一个完整的字符传送的时间内,线上的逻辑全部为 0。其中一个完整的字符传送时间是指包括起始位、数据位、校验位和结束位在内的一段时间。通常讲起始位固定是 0,数据位和校验位也可以都是 0,但是结束位一定是 1,也就是说在一个完整的字符传送期间之内,线上至少有一刻是为 1 的,所以断电条件不易满足。这种情况通常应用于通信对象可以造出一个断点来,那么我们用 S7-200PLC 可以和它进行断点检测作为通信起始条件的一种通信机制。S7-200 自身也可做断点,S7-200 如果需要发出一个断点,首先在 XMT指令使用之前将待发送的数据缓冲区的数据长度定义为 0,在这个基础上执行一次传送指令,将会有一个断点被发出。如果是两台 S7-200PLC 之间进行断点检测的接收过程,其中一台应该先发一个断点给对方,然后再发数据,这样对方那台以断点检测作为起始条件的 PLC 将会

接到它的数据,双方的通信就建立了。

⑤断点和起始字符:它是断点检测和起始字符检测两个条件相与的关系,同时满足的时候将会作为起始条件的一个设定。

⑥任意字符:所谓的任意字符指的是 RCV 指令一旦执行便无条件地开始起始条件的满足,中间几乎没有接受等待的过程。任意字符也是空闲线检测的一个特例,只是此时SMW90/190 是被赋 0 的,这样就无须任何的等待,一旦 RCV 指令被执行,起始条件即刻满足,随之而来的数据将直接进入到信息缓冲区。

(2)结束条件。

①结束字符检测:结束字符被定义在 SMB89/189 中,如果传输的报文中出现了与SMB89/189 中相一致的结束字符,接收的过程将结束。结束字符是一个字符,如何能够保证在传输的正常数据里没有和结束字符相一致的数据呢? 使用结束字符检测作为结束条件的应用有一定的局限,首先要确保中间的数据不与结束字符一致,例如采用 ASCII 字符传输的过程中,因 ASCII 是有限的一些数(并不是所有二进制数的排列组合都能够在 ASCII码表中得以体现),所以,可以把结束字符定义成传送数据中所没有的那个 ASCII 字符,作为结束条件。

②字符间隔定时器和信息定时器:二者同为定时器且定时时间均由 SMW92/192 决定,二者之间的区别在于,字符间隔定时器指的是在数据的传送过程中,如果检测到两个字符之间的时间间隔大于 SMW92/192 里面所设定的时间,那么接收的过程将被终止;信息定时器指的是从信息开始被接收一直到时间大于信息定时器所指定的时间,接收将会被终止。

③最大字符计数、校验错误、用户结束:三者与前面 1、2、3 三点不同,前面三点是用户可以自己组态和选择的,而 4、5、6 后三点是非正常的结束过程。

④最大字符计数:是在 SMB94/194 中指定的最大长度,长度最大可以达到 255,如果在接收过程中已经接收到信息缓冲区里面的数据的字节数大于 SMB94/194 中所指定的数据长度,本次接收过程将会被勒令停止。最大字符计数在使用时一定要记得给 SMB94/194 赋值,如果未赋值将默认为 0,此时即便选择前面三个条件,可是没等前面三个条件满足时,最大字符计数已经勒令此次接收行为终止。

⑤校验错误:指的是奇偶校验错误,这种是非正常的结束状态。一旦数据的奇偶校验产生错误,那么当前的这组数据显然是不可以被采信的。此时,数据将会被放弃,接收结束。

⑥用户结束:当由于某种原因,用户想提前结束现在正在进行的这次接收行为,那么可以在控制字里面禁止一个位然后执行 RCV 指令,这样用户条件就结束了,禁止的位其实是SMB87/187 的最高位,也就是接收使能位。

注意:

①SMB87/187 是自由口通信控制字,起始和结束条件是通过它来定义的;

②SMB94/194 是最大传输字符限制,必须定义。

自由口通信除了使用 RCV 指令来进行接收以外,还可以使用字符接收方式来进行自由口的接收。

7.2　S7-200PLC 的应用

7.2.1　PPI 通信的应用-自动配料生产线控制

在本自动配料生产线控制系统中,应用一台西门子 S7-200 系列 PLC 为主控机,通过 PPI 通信方式管理 3 个以西门子 S7-200 系列 PLC 为核心的子系统,每个子系统能同时监控 7 种原料的重量及相关信息,将这些信息显示在 TD400C 上,主控 PLC 将整个系统的显示和控制信息通过人机界面进行数据管理和生产监控。

1. 控制系统设计

该自动配料生产线控制系统以一台西门子 S7-200 系列 PLC 为主控机,通过 PPI 通信方式管理 3 个以西门子 S7-200 系列 PLC 为核心的子系统,主控 PLC 将整个系统的显示和控制信息通过人机界面进行数据管理和生产监控。整个控制系统通过电磁阀和气动执行元件完成对饲料原料的自动称重和配料,遇到故障能够报警和急停。整个系统还具备各个料仓高低料位的提示功能,手动、自动相互转换功能等,手动控制可以控制任何一个配料点。系统总体框图见图 7-25。

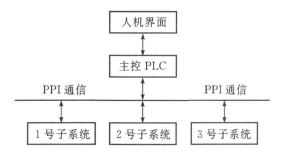

图 7-25　自动配料生产线控制系统总体框图

每个子系统能同时监控 7 种粉状或颗粒状原料的重量及相关信息,将这些信息显示在 TD400C 上,其中原料称重系统由西门子专门为称重开发 SIWAREX MS 称重模块、接线盒和称重传感器组成。子系统框图如图 7-26 所示。

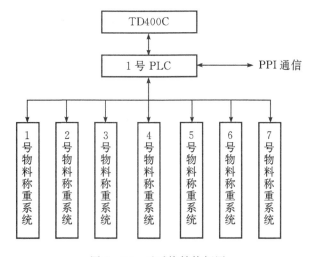

图 7-26　子系统结构框图

2. 硬件设计

1)MP277 人机界面

MP277 人机界面是一种全新设计,性能显著增强的多功能触摸面板,其突出特点如下:

(1)全图形化 10.4 TFT 显示屏,64K 色;

(2)分辨率为 640×480;

(3)内置 PROFINET/以太网;

(4)支持 Sm@rtService 和 Sm@rtAccess;

(5)具有可追溯性(符合 FDA);

(6)免维护、非易失性报警缓存器;

(7)脚本,归档;

(8)Windows CE 5.0;

(9)6MB 用户存储器;

(10)SD/多媒体卡组合插槽;

(11)2 个 USB 端口(可外接鼠标、键盘、打印机、USB 棒);

(12)多达 5 种语言在线切换,全球通用。

2)原料称重系统

每个原料称重系统由西门子 SIWAREX MS 称重模块、接线盒和称重传感器组成。

SIWAREX MS 是一种多用途称重模块,适用于所有简单称重与测力任务。该紧凑型模块可以简便的方式安装到 SIMATIC S7-200 自动化系统中,可直接在 PLC 中存取当前重量数据,无须添加其他接口。

SIWAREX MS 的基本任务是测量传感器电压,然后将测量值转换成重量值。要使用高达 3 个插值点来计算重量,必要时以数字方式对信号进行滤波。除了可测定重量之外,SIWAREX MS 还可监测两个可任意编程的极限值(可选择 Min/Max),并借助状态位将超过极限值的信号迅速发送给 PLC。SIWAREX MS 在出厂时已调校好。即使在没有校准块的情况下也可对电子秤进行理论校准,更换模块时也无须重新校准电子秤。所有系统组件之间能进行连续的标准通信,可迅速、可靠地集成在工艺设备中并具有诊断功能,成本极为低廉。

SIWAREX MS 拥有两个串行接口。TTY 接口用来连接数字式远程指示器。重量值与状态信息可显示在远程指示器上。通过 RS-232 接口连接一台 PC 机,即可对 SIWAREX MS 进行参数设定。此外,该接口也可用来与主机(例如 PC)进行串行连接(SIWAREX 协议),并可借助 STEP 7-Micro/WIN 将 SIWAREX MS 集成到设备软件中。与串行通信连接的称重仪表相比,SIWAREX MS 可省去连接到 SIMATIC 所需的高成本的通信组件。

SIWAREX MS 与一个或者多个电子秤配合使,就可在 SIMATICS7-200 系统中形成一个可任意编程的模块化称重系统,可根据需要对该系统进行调整,使其适合生产要求。

控制系统中以 1 个 S7-200 系列 PLC 为主站,3 个 S7-200 系列 PLC 为从站,主站地址为 1,3 个从站地址分别为 2、3 和 4。

该控制系统程序由主控 PLC 程序和子 PLC 程序组成。主控 PLC 程序完成总体的控制要求同时向子 PLC 程序发送控制命令,主控 PLC 程序流程图见图 7-27。子 PLC 程序完成具体的原料称重输出控制等任务,子 PLC 程序流程图见图 7-28。

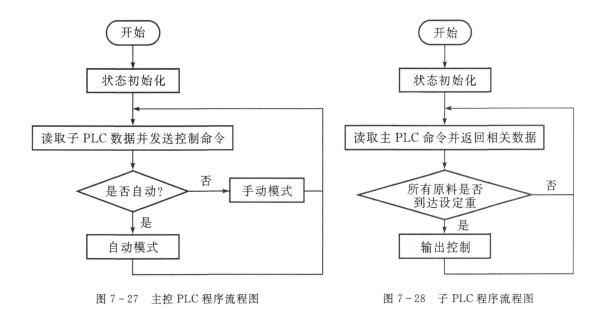

图 7-27　主控 PLC 程序流程图　　　　图 7-28　子 PLC 程序流程图

经过实际运行,该控制系统操作简单、灵活,性能稳定,所有原料重量误差在 0.5% 以内,而且为后续增加原料种类预留了部分硬件资源,方便今后的升级改造,达到了预期效果,很大程度上提高了工作效率,取得了良好的经济效益,非常适合饲料生产企业在配比粉状或颗粒状原料种类达几十种以上的配料生产线上使用。

7.2.2　自由口通信应用——矿井注浆监测

矿井注浆监测系统主要由基于自由口协议的注浆参数采集、注浆参数网络发布、注浆水枪视频监控以及远程操控这 4 个子系统构成,分为 1 个注浆站的单机版和 2 个注浆站的双机版两个系统版,实现了远程注浆水枪操控和注浆量的实时监管功能。本节只研究注浆参数采集子系统。

1. 系统原理

注浆参数采集子系统是整个通信系统的核心,涉及到上、下位机的数据交换,其原理是通过井下现场的流量计和密度计将浆液的流量和密度信息转换成模拟电信号传送给 S7-200 PLC 的模数转换模块 EM231,EM231 将模拟电信号转换为数字信号传送给 S7-200 PLC,S7-200 PLC 再将数字信号换算成包含流量和密度信息的 RS-485 信号,并以自由口协议的形式传送给上位机;上位机利用 VB6.0 的 MSComm 控件编制通信软件,将 S7-200 PLC 采集的监测数据写入 SQL Server 2005 数据库中,并分时校正下位机的时间,确保数据采集的实时性。

2. 硬件连接

由于上位机采用的是 RS232 接口,而 S7-200 PLC 只配有 RS-485 接口,所以上、下位机需要利用 RS-485 转 RS-232 的网络连接器建立通信连接。基于井下环境恶劣、通信距离长的现状,下位机利用自由口协议通过光纤与上位机通信。注浆参数采集子系统的通信硬件连接如图 7-29 所示。

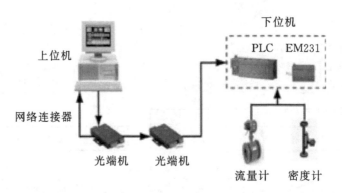

图 7 - 29　注浆参数采集子系统的通信硬件连接图

3. 自由口模式下的通信原理

1)S7-200 PLC 的自由口协议

S7-200 的默认通信方式是 PPI 通信,不能自由的收发数据,想自由收发数据就必须将 S7-200 的通信接口设置为自由口模式。S7-200 PLC 的 CPU 在 STOP 状态下时,自由口模式被禁止,而普通的通信(如编程器的访问)得以重新建立;只有当 CPU 在 RUN 状态下时才能实现自由口通信。在自由口模式下,通信协议是由用户定义的。用户可以用梯形图程序调用接收中断、发送中断、发送指令(XMT)、接收指令(RCV)来控制通信操作。通过对特殊寄存器字节 SMB30 或 SMB130 进行通信配置,实现自由端口通信波特率、奇偶校验和数据位数的设置。

注浆参数子系统的下位机采用 S7-200 PLC,它可以通过自由口模式与任何通信协议公开的其它设备、控制器进行通信,这是 S7-200 PLC 的特色功能。在自由口模式下,PLC 利用梯形图中的接收指令(RCV)、发送指令(XMT)、发送完成中断及字符接收中断来控制串行通信的操作。在该模式下,用户完全可以自己选择通信协议。控制 S7-200 自由口的是特殊寄存器 SMB30 和 SMB130。其中 SMB30 是控制 CPU 通信口 0 的,SMB130 是控制通信口 1 的,如果只有一个通信端口就只使用 SMB30 这个特殊寄存器。

特殊寄存器 SMB30 和 SMB130 通信格式均为 ppdbbbmm,其中 pp 代表特殊位寄存器字节的第 6~7 位(SMB30 字节中 SM30.7,SM30.6 和 SMB130 字节中 SM130.7、SM130.6),负责奇偶校验的选择,当这两位为 00 和 10 都表示无奇偶校验,01 表示偶校验,11 表示奇校验;d 代表特殊寄存器字节的第 5 位(SMB30 字节中 SM30.5 和 SMB130 字节中 SM130.5 位),负责选择每个字符的数据位,0 表示每个字符 8 位,1 表示每个字符 7 位;bbb 代表特殊寄存器字节的 2 到 4 位(SMB30 字节中 SM30.4、SM30.3、SM30.2 和 SMB130 字节中 SM130.4、SM130.3、SM130.2 三位),用于自由口波特率设置,当这三位为 000 表示波特率为 38400 bit/s,为 001 表示波特率为 19200 bit/s,为 010 表示波特率为 9600 bit/s,为 011 表示波特率为 4800 bit/s,为 100 表示波特率为 2400 bit/s,为 101 表示波特率为 1200 bit/s,为 110 表示波特率为 600 bit/s,为 111 表示波特率为 300 bit/s;mm 代表特殊寄存器字节的第 0 到 1 位(SMB30 字节中 SM30.1、SM30.0 和 SMB130 字节中 SM130.1、SM130.0),负责协议的选择,当这两位为 00 表示点到点接口协议(PPI/从站模式),01 表示自由口协议,10 表示 PPI/主站模式,11 表示保留(缺省情况下是 PPI/从站模式)。当 SMB30 和 SMB130 自由口模式控制字节的低两位设置为 01 时,便选择了自由口协议。

2)注浆参数采集子系统的自由口通信方式

上位机发送读写命令,当下位机的自由端口接收数据缓冲区 SMB2 接收到的第一个字符是读字符后,Prot1 就产生中断事件 25,执行指令(XMT),向上位机发送下位机所采集的密度和流量等信息,并复位接收指令(RVE),避免由于收发速度过快导致的通信端口冲突;在发送完成后将产生中断事件 26,接收指令置位,重新接收。当 SMB2 接收到的第一个字符是时间校验命令时,下位机向数据存储区写入上位机的时间,在接收到结束字符后,将接收完成信息反馈给上位机,结束校验。

4. 上位机与下位机通信的软件设计

1)上位机通信软件

上位机通信软件采用 VB6.0 编写。VB6.0 中 MSComm 控件提供了一系列标准通信命令接口,它允许建立串口连接,可连接到其他通信设备上,可发送命令、进行数据交换及监视和响应通信过程中可能发生的各种错误和事件,为应用程序提供高效实用的串行通信功能。上位机通信程序流程如图 7 - 30 所示。

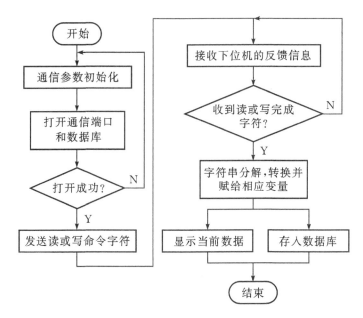

图 7 - 30　上位机通信程序流程图

上位机通信软件的核心部分包括一个窗体和一个标准模块。窗体中的程序包括系统初始化(串口及通信参数初始化、打开端口、建立与数据库的连接)、通信数据的获取与处理、监测参数的显示和刷新、向数据库写入数据等。标准模块包括定义全局变量、与下位机通信和时间校验。

2)下位机通信软件

下位机采用 Step 7-Micro/WIN 软件编程。下位机 CPU 使用 CPU226 模块,它带有Port1 和 Port0 两个端口,Port1 被设置成自由端口(mm=01)、9600 bit/s(bbb=010)、无奇偶校验(pp=00)、每个字符 8 位(d=0)。

下位机通信程序流程如图 7 - 31 所示。其中 SMB2 为自由端口接收字符缓冲区,该字节用来在自由端口通信方式下存储从 Port 0 或 Port 1 接收的每一个字符。SMB187 用来控制和读出接收信息的状态,其中 SMB187.7 负责执行接收信息功能,0 表示禁止接收信息功能,1 表示允许接收信息功能。

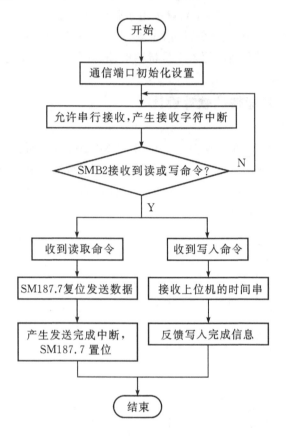

图 7 - 31　下位机通信程序流程图

下位机通信程序中的核心部分主要包括主程序、2 个子程序 SBR2、SBR3 和 3 个中断程序 INT0、INT1、INT2。主程序包括系统初始化程序(设置成自由口协议、建立主程序与中断程序的连接、设置数据采样周期、设置系统清零密码)、检测控制程序、数据更新程序等。子程序 SBR2、SBR3 分别用于 PLC 时钟校验和计算处理监测数据。而中断程序 INT0、INT1 和 INT2 分别用于采样和数据处理、与上位机通信和允许 PLC 接收数据。

在扫描周期阶段,CPU 从主程序的第一条指令开始执行程序,在首个扫描周期,执行通信端口初始化程序,配置系统参数。接着执行检测控制程序,根据不同的条件控制系统流程,保证数据定时采集、系统自动清零等功能的实现。

当数据采样周期定时器计时时间到时,执行中断程序 INT0,开始采集注浆数据和读取 PLC 时,执行完后调用子程序 SBR3,对采集的数据换算成每秒的注水量和注灰量,将当日注水量和注灰量的数据累加,最后更新数据存储区的数据,供上位机读取最新的数据。当自由端口接收数据缓冲区收到上位机发送的读写字符时,执行中断程序 INT1,判断读写命令,以发送或被写入数据。下位机接收上位机分时发送来的时间,当收到上位机写入完成字符时,开始调用子程序 SBR2,将其设定为系统时间。当下位机发送完毕后执行中断程序 INT2,PLC 开始重新接收上位机的信息。

PLC 采用自由口模式与上位机通信提高了通信效率,但由于没有奇偶校验,故降低了数据传送的有效性。基于 S7-200 PLC 本身抗干扰性强、可靠性高的特点,通过自定的通信协议,上、下位机在收发数据时采用简单的通信握手信号和起始结束,缩短了通信时间,再配合适当的传输波特率,既没有降低通信速率,又能够保证数据收发的正确性和稳定性,同时也大大降低了数据校验的编程复杂度,提高了编程的灵活性。该方法非常适用于一次性传输数据量不大的通信,使得上、下位机之间的数据读写简单且快捷有效。

7.2.3　PROFIBUS 通信应用——PLC 与计算机通信

在 WinCC 与 S7-200 的多种通信方式中,OPC 方式有较好的设备扩展性,我们对 S7-200 系列 PLC 与 WinCC 使用 OPC 方式通信实现的问题作了一些介绍。

1. 现场总线 Profibus-DP 的特性

近十年来出现了多种有影响的现场总线,其中,现已成为德国和欧洲标准的 Profibus 现场总线是一种比较成熟的总线。Profibus 由三个兼容部分组成:

(1)Profibus-DP:是一种经过优化的高速便宜的通信连接,专为自动化控制系统与分散的 I/O 设备之间通信使用而设计。

(2)Profibus-PA:专为过程自动化设计,可使传感器和执行机构连在一根总线上,并有本征安全规范。

(3)Profibus-FMS:用于车间级监控网络,是一个令牌结构、实时多主网络。

Profibus-DP 使用物理层、数据链接层(第 1、2)和用户接口,用于现场层的高速数据传送。主站周期地读取从站的输入信息并周期地向从站发送输出信息。总线循环时间必须要比主站程序循环时间短。因此,Profibus-DP 还提供智能化现场设备所需的非周期性通信以进行组态、诊断、报警处理以及复杂设备在运行中参数的确定。对一个成功的现场总线系统来说,仅仅提供一个高的数据通过能力是不够的,对用户来说,安装和服务的便捷、良好的诊断能力和无差错的传输也很重要,Profibus-DP 代表了这些特性的优化组合。Profibus-DP 的基本功能和特性如下:

①远距离高速通信:波特率从 9.6 kb/s 到 12 Mb/s,12 Mb/s 时最大传输距离为 100 m, 1.5 Mb/s 时为 200 m,还可以用中继器加长;

②分布式结构:各主站间令牌传递,主站与从站为主从传送,每段可达 32 个站,用连接器连接段,最多可达 126 个站;

③易于安装:RS-485 的传输技术简单,双绞线的铺设不需要专业知识,总线结构使得一个站点的安装卸载不影响其他站点的正常工作,系统的安装还可以分别进行,后期安装的系统不会对前期安装的系统造成妨碍;

④诊断功能:经过扩展的 Profibus-DP 的诊断功能能对故障进行快速定位,诊断信息在总线上传输并由主站采集;

⑤开放式通信网络;

⑥可靠性和保护机制。

2. 系统构成

系统硬件：工业控制计算机一台，西门子通信处理卡 CP5611 或 CP5613 一块，S7-200 系列 PLC 的 CPU226 两台，西门子 EM 277 Profibus-DP 通信模块两个，网络连接器三个，连接电缆为双绞线。系统软件：Windows XP professional 操作系统，编程环境 STEP 7-Micro/WIN V4.0，西门子的通信软件 SIMATIC NET 6.0 和组态软件 WinCC V6 或以上版本。

3. 系统的设置和组态及实现

1）建立 OPC 服务器

OPC(OLE for Process Control)是过程控制发展中的新兴标准，它的出现为基于 Windows 的应用程序在现场过程的控制应用奠定了基础。

（1）构建 OPC 服务器。首先安装 SIMATIC NETSoftware 到 C:\Program files\Siemens\ 下，最终生成 SIMATIC NCMPC Manager 程序、configuration console 程序和 OPC Scout 程序等配置工具。将 EM277 的 GSD 文件 SIEM089D. GSD 拷贝到 SIMATIC NCMPC Manager 安装路径下，EM 277 模块的信息和数据输入/输出字节类型选择 8Bytes Out/8Bytes In。然后在 SIMATIC NCM PC Manager 中建立一个项目，项目命名为"PC-Station"，组态一个 OPC 服务器，CP5611 为 DP-Master，EM 277 为 DP-Slave。实验系统传输速率设为 12 Mb/s。设置数据共享区域为 PLC 用户数据存储区（V 区），从 4000 B 开始，即表示从 WinCC 输出到 PLC 的数据存储在 VB4000 至 VB4007，从 PLC 输入到 WinCC 的数据存储在 VB4008 至 VB4015。

（2）从 configuration console 查看所配置的 PC-Station 信息，模块方式选择为 configured。

（3）配置完后编译并下载到 Station Configuration Editor 中去，Station Configuration Editor 和 SIMATIC NCMPC Manager 的 Station 名字必须一致，都为"PC-Station"。下载成功后，用 OPC Scout 软件检测上位机和带有 EM 277 的 PLC 通信是否成功。

OPC 开始运行后，如果变量的"Quality"显示"good"，表示 OPC Server 程序已经通过 Profibus-DP 总线协议和 PLC 建立了连接运行关系。此时不仅可以读取 PLC 中的数据，还可以向 PLC 写数据。

2）WinCC 的设置

WinCC 变量管理器中添加一个新的驱动程序，新的驱动程序选择 OPC. chn，打开 OPC GROUP 的系统参数，出现条目管理器，选择服务器 OPC. Sima ticNE T. DP. 1。新建一个连接，命名为 EM277，连接中加入并设置过程变量，包括变量名、数据类型、变量地址等。

3）通信测试与验证

编写一段 PLC 小程序用来传递输入和输出值，在 WinCC 的图形界面上添加两个 I/O 域，用来显示通信是否成功。如果成功，组态的颜色在运行过程中会显示出来，并且可以对输出类型的数据进行修改，从 PLC 传输过来的数据可以显示；如果不成功，显示灰色，不能输出数据和显示输入数据。

利用 OPC 技术实现 S7-200 系列 PLC 与 WinCC 组态软件的通信，并且数据传输稳定，实时性好，组态方便灵活，调试简单，不需要很高编程技术水平，并且 OPC 协议得到了许多公司的支持，通用性好。缺点是资金投入比较大，需要购买相关的软件。这种方法比较适用于把多个 S7-200 系列单元自动化设备升级到各单元协调动作以及状态监控系统。

第 8 章　PLC 在变频控制系统中的应用

变频器是现代常用的一种电力控制设备,它能够实现对交流异步电机的软启动、变频调速、过流/过压/过载保护等多种功能。随着工业自动化程度不断提高,变频器在冶金、采矿、造纸、化工、机械、电力以及建筑等领域得到了极为广泛的应用。变频器常与 PLC 等智能控制设备一起,构成自动化控制的核心,实现对设备的自动控制。本章主要以西门子 MM440 为例,介绍 PLC 与变频器组合在一起的应用方法。

8.1　变频器简介

变频器即电压频率变换器,是一种将固定频率的交流电变换成频率、电压连续可调的交流,以供给电机运转的电源装置。变频器的应用范围很广,凡是使用三相交流异步电机传动的地方都可装置变频器,对设备来讲,使用变频器的目的总的来说有以下 3 个重要原因。

(1)对电机实现节能。使用频率范围为 0～50 Hz,具体值与设备类型、工况条件有关。

(2)对电机实现调速。使用频率范围为 0～400 Hz,具体值按工艺要求而定,受电机允许最大工作频率的制约。

(3)对电机实现软启动、软制动。频率的上升或下降,可以人为设定时间,实现启动、制动平滑、无冲击电流或机械冲击变频器的使用可以节省电能,降低生产成本,减少维修工作量,给实现生产自动化带来方便和好处,应用效果十分明显,对产品质量、产量、合格率都有很大提升。

我国变频器应用始于 20 世纪 80 年代末,由于变频器优良的性能及节电效果,使用量在不断递增,尤其是我国正处于经济快速发展时期,节能减耗、降低成本成为迫切的需求,因此变频器的应用前景十分乐观。目前共有 100 多个品牌的变频器在国内市场上销售,其中我国厂家约有 60 家、日本约 20 家、韩国 3 家、欧美近 30 家。

近年来变频器技术上的进步尤为显著,功能非常强大,除了具有转矩提升、转差补偿、转矩限定、直流制动、多段速设定、S 形运行、频率跳跃、瞬时停电自动再启动、重试等功能外,还有直接转矩控制、低干扰控制、通信功能等,变频器的容量也越来越大。总体上来说,许多变频器在功能上基本相同,又各有特点,例如:日本变频器年代早、产量大、可靠性高、设计细化;德国西门子变频器范围大、电压等级多、功能多。还有些变频器不但有通信功能,而且有通信协议。

8.2　西门子变频器 MM440

变频器 MM440 系列(Micro master440)是德国西门子公司广泛应用于工业场合的多功能标准变频器。它采用高性能的矢量控制技术,提供低速高转矩输出和良好的动态特性,同时具备超强的过载能力,以满足广泛的应用场合。对于变频器的应用,必须首先熟练对变频器面板的操作,以及根据实际应用,对变频器的各种功能参数进行设置。

现以西门子公司的 MM440 变频器为例来简单讲解 PLC 与变频器的联合控制方法。

8.2.1　西门子变频器的基本操作面板

MM440 的输入/输出电路如图 8-1 所示。

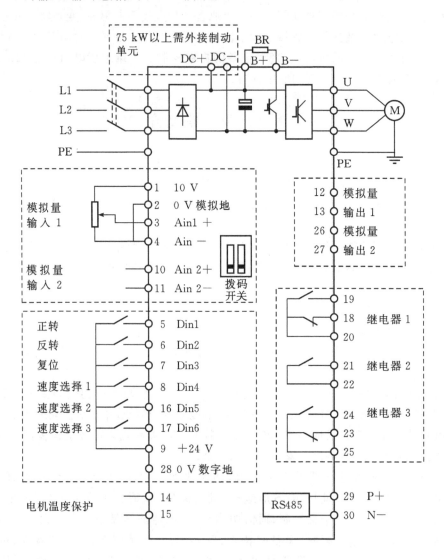

图 8-1　MM440 的输入/输出电路图

MM440 内部电源端子包括两种,分别是 10 V 直流稳压电源(1 和 2 号端子)和 24 V 直流稳压电源(9 和 28 号端子)。

MM440 包含了六个数字开关量的输入端子(5、6、7、8、16 和 17 号端子),每个端子都有一个对应的参数用来设定该端子的功能。开关量的输入端子外接开关信号,通过开关信号的"通/断"实现正反转、正反向点动控制,还可以实现多段速控制。

　　MM440 变频器有两路模拟量输入(3 和 4、10 和 11 号端子),用于接收模拟量信号,作为变频器的频率给定信号从而调节变频器的运行频率。相关参数以 in000 和 in001 区分,可以通过 P0756 分别设置每个通道属性,支持常见的 2～10 V 和 4～20 mA 这些模拟标定方式。对于电流输入,必须将相应通道的拨码开关拨至 ON 的位置,还要设置相关参数。

　　MM440 变频器有两路模拟量输出(12 和 13、26 和 27 号端子),用于反映变频器实际运行频率、电压、电流等信号。相关参数以 in000 和 in001 区分,出厂值为 0～20 mA 输出,可以标定为 4～20 mA 输出(P0778＝4),如果需要电压信号可以在相应端子并联一支 500 Ω 电阻,需要输出的物理量可以通过 P0771 设置。

　　MM440 变频器有 3 组继电器输出端子,用于监测变频器的运行状态,例如变频器准备就绪、启动、停止、故障等状态。其中,18、19、20 为继电器 1,21、22 为继电器 2,23、24、25 为继电器 3。

　　MM440 变频器 29、30 为通信端子,通信协议 RS-485,控制设备例如 PLC 通过 RS-485 通信接口控制变频器。

8.2.2　西门子变频器的基本操作面板

　　利用变频器的操作面板和相关参数设置,即可实现对变频器的某些基本操作,如正反转、点动等运行。MM440 变频器有两种操作面板:基本操作面板 BOP、高级操作板 AOP,基本操作面板如图 8-2 所示。基本操作面板各按键所代表的功能如表 8-1 所示。

图 8-2　BOP 基本操作面板

表 8 - 1　BOP 基本操作面板上的按钮功能

显示/按钮	功能	说明
⌐0000	状态显示	LED 显示变频器当前的设定值。
I	启动变频器	按此键启动变频器。缺省值运行时此键是被封锁的。为了允许此键的操作,应设定 P0700＝1
0	停止变频器	OFF1:按此键,变频器将按选定的斜坡下降速率减速停车.缺省值运行时此键被封锁;为了允许此键操作,应设定 P0700＝1 OFF2:按此键两次(或一次,但按压时间较长)电机将在惯性作用下自由停车
↻	改变电机的转动方向	按此键可以改变电机的转动方向。电机的反向用负号(一)表示或用闪烁的小数点表示。缺省值运行时此键是被封锁的,为了使此键的操作有效,应设定 P0700＝1
jog	电机点动	在变频器无输出的情况下按此键,将使电机起动,并按预设定的点动频率运行。释放此键时,变频器停车。如果变频器/电机正在运行,按此键将不起作用
Fn	功能	此键用于浏览辅助信息。 　变频器运行过程中,在显示任何一个参数时按下此键并保持不动 2 s,将显示以下参数值(在变频器运行中,从任何一个参数开始): 　1.直流回路电压(用 d 表示-单位:V) 　2.输出电流(A) 　3.输出频率(Hz) 　4.输出电压(用 O 表示-单位:V)。 　5.连续多次按下此键,将轮流显示以上参数。 　跳转功能:在显示任何一个参数(rXXXX 或 PXXXX)时短时间按下此键,将立即跳转到 r0000,如果需要的话,可以接着修改其他的参数。跳转到 r0000 后,按此键将返回原来的显示点
P	访问参数	按此键即可访问参数
▲	增加数值	按此键即可增加面板上显示的参数数值
▼	减少数值	按此键即可减少面板上显示的参数数值

用基本操作面板(BOP)可以修改任何一个参数。修改参数的数值时,BOP 有时会显示"busy",表明变频器正忙于处理优先级更高的任务。在默认设置时,用 BOP 控制电机的功能是被禁止的。如果要用 BOP 进行控制,需要将参数设置为 P0719＝12。下面就以设置 P0719＝12 的过程为例,来介绍通过基本操作面板(BOP)修改设置参数的流程,如表 8－2 所示。

表 8－2　基本操作面板(BOP)修改设置参数流程

操作步骤	显示的结果
1　按 **P**,访问参数	r0000
2　按 **▲**,直接显示出 P0719	P0719
3　按 **P**,进入参数数值访问级	in000
4　按 **P**,显示当前的设定值	0
5　按 **▲** 或 **▼**,选择运行所需要的数值	12
6　按 **P**,确认和存储这一数值	P0719
7　按 **▼**,直到显示出 r0000	r0000
8　按 **P**,返回操作显示(由用户定义显示的参数)	

8.2.3　通过基本操作面板控制电机运行

通过变频器操作面板设置可实现对电机的启动、正反转、点动、调速控制。

1. 变频器与电机的连接

MM440 变频器与电机接线如图 8－3 所示,检查电路正确无误后,合上主电源开关 QS。

2. 参数设置

(1)恢复出厂值设置:设定 P010＝30 和 P0970＝1,按下 P 键,开始复位,复位过程大约 3 min,这样就可保证变频器的参数恢复到工厂默认值。

(2)设置电机参数:为使电机与变频器相匹配,需要设置电机参数。参数设置值可从电机的铭牌上读取,具体值会因电机而不同,电机参数设置如表 8－3 所示。电机参数设定完成后,设 P0010＝0,变频器当前处于准备状态,可正常运行。

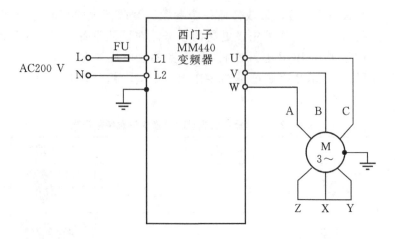

图 8-3　变频器与电机的连接

表 8-3 电机参数设置

序号	变频器参数	出厂值	设定值	功能说明
1	P0003	1	1	设定用户访问级为标准级
2	P0010	0	1	快速调试
3	P0100	0	0	功率以 kW 表示,频率为 50 Hz
4	P0304	230	380	电机的额定电压/V
5	P0305	3.25	3.7	电机的额定电流/A
6	P0307	0.75	1.5	电机的额定功率/kW
7	P0310	50	50	电机的额定频率/Hz
8	P0311	0	1400	电机的额定转速/(r·min^{-1})

(3)设置面板基本控制操作参数,如表 8-4 所示。

表 8-4　面板基本控制操作参数

变频器参数	出厂值	设定值	功能说明
P0003	1	1	设定用户访问级为标准级
P0010	0	0	正确地进行运行命令的初始化
P0004	0	7	命令和数字 I/O
P0700	2	1	由键盘输入设定值
P0003	1	1	设定用户访问级为标准级
P0004	0	10	设定值通道和斜坡函数发生器
P1000	2	1	由键盘输入设定值
P1080	0	0	电机运行的最低频率/Hz

变频器参数	出厂值	设定值	功能说明
P1082	50	50	电机运行的最高频率/Hz
P0003	1	2	设定用户访问级为扩展级
P0004	0	10	设定值通道和斜坡函数发生器
P1040	5	20	设定键盘控制的频率值/Hz
P1058	5	10	正向点动频率/Hz
P1059	5	10	反向点动频率/Hz
P1060	10	5	点动斜坡上升时间/s
P1061	10	5	点动斜坡下降时间/s

3. 变频器运行操作

（1）变频器启动：在变频器的前操作面板上按运行键 ⬛，变频器将驱动电机升速，并运行在由 P1040 所设定的 20 Hz 频率对应的转速上。

（2）正反转及加减速运行：电机的转速（运行频率）及旋转方向可直接通过按前操作面板上的▲键▼键来改变。

（3）点动运行：按下变频器前操作面板上的点动键 ⬛，则变频器驱动电机升速，并运行在由 P1058 所设置的正向点动 10 Hz 频率值上。当松开变频器面板上的点动键，则变频器将驱动电机降速至零。这时，如果按下变频器前操作面板上的换向键，在重复上述的点动运行操作，电机可在变频器的驱动下反向点动运行。

（4）电机停车：在变频器的前操作面板上按停止键 ⬛，则变频器将驱动电机降速至零。

8.3　PLC 与变频器应用

8.3.1　PLC 与变频器在料车控制系统中的应用

如下图 8-4 所示为某上料设备的料车运行曲线，图中 01 段为料车启动后以等加速度加速到最大速度的加速段，加速时间为 6 s；12 段是高速运行段，运行频率为 50 Hz；23 段为料车减速段，减速到 25 Hz 后稳定运行；45 和 56 段为料车低俗运行段，运行时间 20 s，时间到了减速停车，料车停止运行。料车从最大运行频率减速到 0 的减速时间为 6 s。

1. MM440 变频器的多段速控制功能及参数设置

根据工艺上的要求，料车能在不同的转速下运行，为方便对具有多个速度运行负载进行速度控制，西门子 MM440 变频器提供了多档位频率控制功能，用户可以通过几个开关的通、断组合来选择不同的运行频率，实现设备在不同转速下运行的目的。多段速运行需要将参数 1000 设置为 3，即输出频率由数字输入端子 DIN1—DIN6 的状态指定。变频器实现多段速运行可通过以下 3 种方法实现。

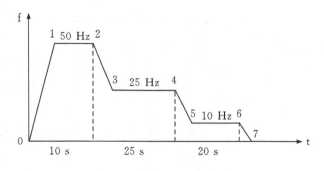

图 8-4 料车运行曲线图

1)直接选择(P0701—P0706=15)

在这种操作方式下,一个数字输入选择一个固定频率,如果有几个固定频率输入同时被激活,选定的频率是端子频率的总和,端子与参数设置对应表如表 8-5 所示。

表 8-5 端子与参数设置对应表

端子编号	对应参数	对应频率设置值	说明
5	P0701	P1001	频率给定源 P1000 必须设置为 3 当多个选择同时激活时,选定的频率是它们的总和
6	P0702	P1002	
7	P0703	P1003	
8	P0704	P1004	
16	P0705	P1005	
17	P0706	P1006	

2)直接选择+ON 命令(P0701~P0706=16)

在这种操作方式下,数字量输入即选择固定频率,又具备启动功能。

3)二进制编码选择+ON 命令(P0701~P0704=17)

变频器的 6 个数字输入端口(DIN1—DIN6),通过 P0701~P0706 设置实现多频段控制。每一频段的频率分别由 P1001—P1015 参数设置,最多可实现 15 频段控制,各个固定频率的数值选择如下表 8-6。在多频段控制中,电机的转速方向是由 P1001—P1015 参数所设置的频率正负决定的。选择 6 个数字输入端口作为电机运行、停止控制,多段频率控制可以由用户任意确定,一旦确定了某一数字输入端口的控制功能,其内部的参数设置值需要与端口的控制功能相对应。

表 8-6　固定频率选择对应表

频率设定	DIN4	DIN3	DIN2	DIN1
P1001	0	0	0	1
P1002	0	0	1	0
P1003	0	0	1	1
P1004	0	1	0	0
P1005	0	1	0	1
P1006	0	1	1	0
P1007	0	1	1	1
P1008	1	0	0	0
P1009	1	0	0	1
P1010	1	0	1	0
P1011	1	0	1	1
P1012	1	1	0	0
P1013	1	1	0	1
P1014	1	1	1	0
P1015	1	1	1	1

2. 控制系统功能实现

1)变频器的参数设定

本例选择二进制编码选择＋ON 命令的方法来实现对供料小车的控制,根据要求对变频器进行参数设定,变频器参数号和设置表如表 8-7 所示,其余参数为出厂默认值。

表 8-7　变频器的参数设定

参数号	出厂值	设置值	说明
P0003	1	1	设用户访问级为标准级
P0004	0	7	命令和数字 I/O
P0700	2	2	命令源选择由端子排输入
P0003	1	2	设用户访问级为拓展级
P0004	0	7	命令和数字 I/O
P0701	1	17	选择固定频率 1
P0702	1	17	选择固定频率 2
P0703	1	17	选择固定频率 3
P0704	1	1	ON 接通正转,OFF 停止

参数号	出厂值	设置值	说明
P0003	1	1	设用户访问级为标准级
P0004	2	10	设定值通道和斜坡函数发生器
P1000	2	3	选择固定频率设定值
P0003	1	2	设用户访问级为拓展级
P0004	0	10	设定值通道和斜坡函数发生器
P1001	0	50	选择固定频率1(单位 Hz)
P1002	5	25	选择固定频率2(单位 Hz)
P1003	10	10	选择固定频率3(单位 Hz)
P1020	10	6	斜坡上升时间
P1021	10	6	斜坡下降时间

2)对 PLC 进行输入/输出点分配

由于本例所涉及的控制系统需要的输入/输出点数少,一般的 S7-200PLC 均可满足要求,这里选取 CPU224 作为控制机型,输入/输出分配表如表 8-8 所示。

表8-8　PLC 的输入/输出分配

输入		输出	
I0.0	启动	Q0.0	8(DIN4)
—	—	Q0.1	5(DIN1)
—	—	Q0.2	6(DIN2)
—	—	Q0.3	7(DIN3)

3)PLC 与变频器联合控制的参考接线图如图 8-5 所示。

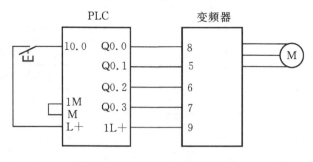

图8-5　PLC 与变频器接线图

4)系统顺序功能图及参考程序如图 8-6 和图 8-7 所示。

238

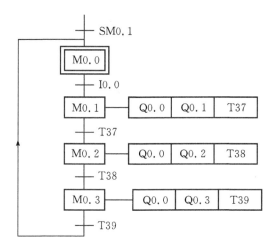

图 8-6　系统顺序功能图

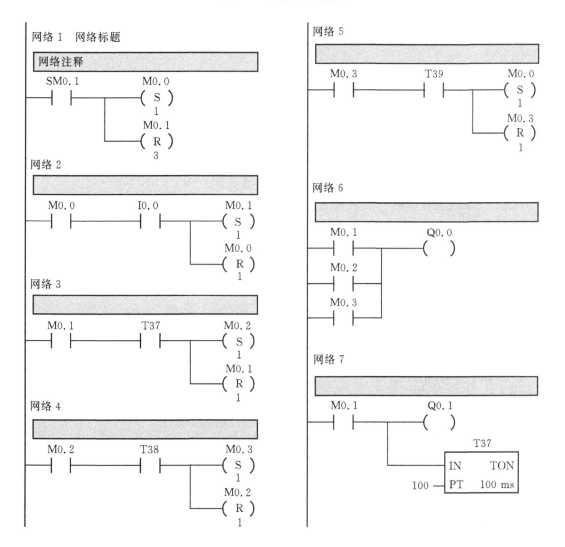

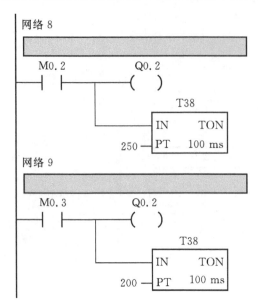

图 8 - 7　料车控制系统参考程序

8.3.2　PLC 与变频器在恒压供水系统中的应用

在实际的生产、生活中,用户用水的多少是经常变动的,因此供水不足或供水过剩的情况时有发生。而用水和供水之间的不平衡集中反映在供水的压力上,即用水多而供水少,则压力低;用水少而供水多,则压力大。保持供水压力的恒定,可使供水和用水之间保持平衡,即用水多时供水也多,用水少时供水也少,从而提高了供水的质量。

鼠笼式三相交流异步电机的转速与其输入的三相交流电的频率关系为 $n=60(1-s)p$ (f 为交流电的频率,p 为鼠笼式三相交流异步电机的磁极对数,n 为鼠笼式三相交流异步电机的转速),由此可见,电机的转速与交流电的频率成正比,即频率越高电机的转速也越高,反之也成立。由于水泵由电机拖动,水泵也会随着电机的转速变化,其输出的水压、流量也相应地变化,从而实现了水压的调整。目前变频调速技术成熟,故障率低,电机的启动、停止对电源的影响很小,节能明显,调速范围宽,因此已经广泛地应用在各行各业。

采用模拟量输出的远传压力表、变频器、可编程序控制器等构成的恒压供水控制系统,使供水控制电路硬件简单、便于安装、维护方便、可靠性高、启动平稳、操作简单,可以无人值守。

1. 恒压供水的优点

(1)高效节能:按需求设定压力,根据用水量的变化来调节电机泵的转速,使设备恒压供水,达到真正意义上的恒水压目的。节能效果明显,可节电 30％左右。

(2)延长设备使用寿命:对多台泵组均能进行软启动,大大延长设备的寿命。(启动电流小,对电路冲击很小。水压变化小,对管路、水泵叶轮冲力也很小)

(3)运行可靠,操作简便:采用可编程控制器全自动运行,使用户不断水,并且能实现无人值守。

(4)节省投资:结构紧凑,占地面积小,安装方便,工期短。

(5)具有完善的保护功能:有完善的保护、自检、故障判断功能。

2. 变频器 PID 调节工作原理

PID 控制是闭环控制中的一种常见形式,变频器内部有 PID 控制器,利用变频器可以构成 PID 闭环控制。

PID 控制器是应用最广的闭环控制器,据估计现有 90% 以上的闭环控制采用 PID 控制器,这是因为 PID 控制具有以下的优点。

(1)不需要被控对象的数学模型:对于许多工业控制对象,无法建立较为准确的数学模型,因此自动控制理论中的设计方法很难用于大多数控制系统,对于这一类系统,使用 PID 控制可以得到比较满意的效果。

(2)结构简单,容易实现:PID 控制器的结构典型,程序设计简单,计算工作量小,各参数有明确的物理意义,参数调整方便,容易实现多回路控制、串级控制等复杂的控制。

(3)有较强的灵活性和适应性:根据被控对象的具体情况,可以采用 PID 控制器的多种改进的控制方式,例如 PI、PD、带死区的 PID 等。

(4)使用方便:现在已有很多的 PLC、变频器厂家提供具有 PID 控制功能的产品,例如 PID 控制模块、PID 指令,用户只需要设置一些参数就可以。

为实现恒压供水,利用压力传感器采集管网水压信号,并将此信号转化为标准模拟量信号(4～20 mA 电流信号)后反馈给 PLC 的模拟量输入模块,PLC 通过 PID 控制算法控制变频器调节供水水泵电机的转速,同时通过编程实现供水水泵电机数量的增减,以此达到控制管网水压恒定的目的。使用变频器构成恒压供水的基本工作原理如图 8-8 所示。

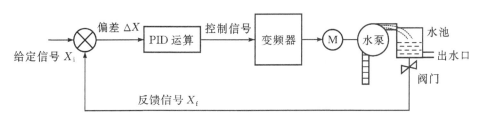

图 8-8　恒压供水控制原理图

反馈信号 X_f:在恒压供水系统中,反馈信号就是用压力传感器实际测得的压力信号,因系统控制的目标是管道压力,现在又把管道压力反送回变频器,故称反馈信号。

给定信号 X_i:给定信号就是与所要求的管道压力相对应的信号。给定信号的大小,总是和所选的压力传感器的量程相联系的。

电机驱动水泵将水抽入水池,水压经过阀门送到压力传感器,传感器将水压大小转换成相应的反馈电信号 X_f,比较器将反馈信号 X_f 和给定信号 X_i 进行比较,得到偏差信号 $\Delta X(\Delta X = X_i - X_f)$。若偏差信号 $X > 0$,表明管网压力过小,偏差信号经 PID 运算后输出增大变频器输出频率的信号,通过加快电机转速来增大进水量,进而增大管网水压。若偏差信号 $X < 0$,PID 运算后会输出使变频器输出频率变小的信号,通过减小电机转速来减少进水量,以此达到减小管网水压的目的。如偏差信号 $X = 0$,经 PID 运算后的输出信号控制变频器输出频率不变,电机转速不变,从而保持管网水压不变。

3. PID 控制系统的构成

1)比例增益环节(P)

P功能就是将 ΔX 的值按比例进行放大(放大 KP 倍),这样尽管 ΔX 的值很小,但是经放大后再来,电机的转速也会比较准确、迅速。放大后, ΔX 的值大大增加,从而使控制的灵敏度增大,误差减小。但是,如果 P 值设的过大, ΔX 的值变得很大,系统的实际压力调整到给定值的速度必定很快。但由于拖动系统的惯性原因,很容易引起超调。于是控制又必须反方向调节,这样就会使系统的实际压力在给定值(恒压值)附近来回振荡。

2)积分环节(I)

引入积分环节 I,使经过比例增益 P 放大后的差值信号在积分时间内逐渐增大(或减小),从而减缓其变化速度,防止振荡。尽管增加积分功能后使得超调减少,避免了系统的压力振荡,但是也延长了压力重新回到给定值的时间。为了克服上述缺陷,又增加了微分功能。

3)微分环节(D)

微分环节 D 是根据差值信号变化的速率,提前给出一个相应的调节动作,从而缩短了调节时间,克服因积分时间过长而使恢复滞后的缺陷,可以看到,经 PID 调节后的压力,既保证了系统的动态响应速度,又避免了在调节过程中的振荡,因此 PID 调节功能在恒压供水系统中得到广泛的应用。

4. 恒压供水系统硬件线路设计

1)恒压供水系统主电路设计

供水系统主电路设计图如图 8-9 所示,采用了一台变频器同时连接两台电机,所以必须确保开关 KM1 和 KM2 电气连锁,连锁功能由软件和硬件实现。在变频水泵出现问题或紧急情况下,可以起用备用水泵。

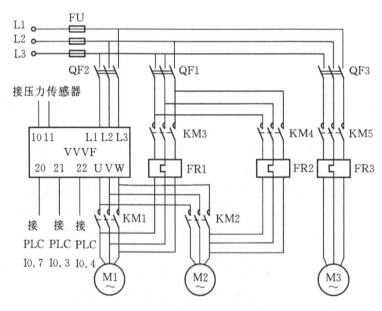

图 8-9 系统主电路设计图

2)恒压供水系统 I/O 分配

根据功能要求和工艺流程,I/O 接口的分配,如表 8 - 9 所示。

表 8 - 9　I/O 接口分配表

输入器件		输出器件	
I0.0	启动(SB0)	Q0.0	驱动 KM1(1♯泵变频)
I0.1	停止(SB1)	Q0.1	驱动 KM2(2♯泵变频)
I0.2	液位传感器	Q0.2	驱动 KM3(1♯泵工频)
I0.3	变频器达到上限	Q0.3	驱动 KM4(2♯泵工频)
I0.4	变频器达到下限	Q0.4	驱动 KM5(备用泵工频)
I0.5	1♯水泵故障	Q0.5	报警指示灯
I0.6	2♯水泵故障	—	—
I0.7	变频器故障	—	—

3)恒压供水系统 PLC 外部接线图

恒压供水系统 PLC 外部接线设计图,如图 8 - 10 所示。

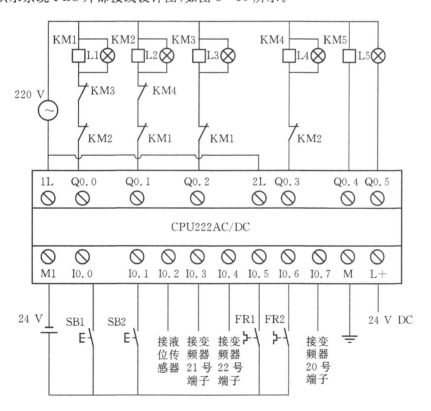

图 8 - 10　恒压供水系统 PLC 外部接线设计图

（4）恒压供水系统变频器参数设置

由于 SIEMENS MM430 变频器自带了 PID 模块，我们不需要进行 PID 调节器的设计，只需进行简单的参数设置就可以了。首先将设置模拟输入的 DIP 开关 1 拨到 ON 位置，选择输入为 4～20 mA；其次，选择电机的频率，将 DIP 开关 2 拨到 OFF 位置（该 OFF 位置，频率为50Hz）。其他参数的设置如表 8‐10 所示。

表 8‐10　MM430 参数预置表

参数	名称	参数	名称
P0003＝2	用户访问级别为专家级	P2255＝100	PID 的增益系数
P0004＝22	参数滤过，选择 PID 应用宏	P2256＝100	PID 微调信号的增益系数
P0700＝2	选择命令源，选择为端子控制	P2257＝10 S	PID 设定值的斜坡加速时间
P1000＝2	频率设定选择为模拟设定值	P2258＝10 S	PID 设定值的斜坡减速时间
P1080＝5 Hz	最小频率	R2260＝100％	显示 PID 的总设定值
P1082＝50 Hz	最大频率	R2261＝3 S	PID 设定值的滤波时间常数
P2200＝1	闭环控制选择，PID 功能有效	R2262＝100％	显示滤波后的 PID 设定值
P2231＝1	允许存储 P2240 的设定值	P2265＝3 S	PID 反馈立场拨时间常数
P2240＝75％	键盘给定的 PID 设定值	P2267＝100	PID 反馈信号的上限值
P2253＝2250：0	选择 P2240 的值作为 PID 给定	P2268＝0	PID 反馈信号的下限值
P2250＝100％	显示 P2240 的设定值输出	P2269＝100％	PID 反馈信号的增益
P2254＝0.0	缺省值，对微调信号没有选择	P2291＝100	PID 输出的上限
P2292＝0.00	PID 输出的下限	P2280＝3.00	PID 的比例增益系数
P2285＝7.00 S	PID 的微分时间	P2294＝100％	实际的 PID 控制器输出

5. 恒压供水系统软件程序设计

恒压供水系统软件程序设计的梯形图如图 8‐11 所示。

网络 1　1♯泵变频

```
     I0.0      I0.2      I0.5      I0.1      M0.0
 ┌──┤ ├──┬──┤/├──────┤/├──────┤/├──────(  )
 │   M0.0  │
 └──┤ ├──┘
```

网络 2　变频器达到上限,2♯泵变频

```
     I0.3      I0.2      I0.6      I0.1      M0.1
 ┌──┤ ├──┬──┤/├──────┤/├──────┤/├──────(  )
 │   M0.1  │
 └──┤ ├──┘
```

网络 3　变频器达到上限,2♯泵变频

```
     I0.3      I0.2      I0.6      I0.1      M0.2
 ┌──┤ ├──┬──┤/├──────┤/├──────┤/├──────(  )
 │   M0.2  │
 └──┤ ├──┘
```

网络 4　变频器达到上限,2♯泵变频

```
                                          T33
     M0.2                              ┌─────────┐
 ───┤ ├────────────────────────────── IN    TON
                                       │         │
                             +200 ──── PT   10 ms
                                       └─────────┘
```

网络 5　变频器达到上限,2♯泵变频

```
                                          C0
     I0.3                              ┌─────────┐
 ───┤ ├────────────────────────────── CU    CTU
     M1.1                              │         │
 ───┤ ├────────────────────────────── R
                                       │         │
                               +2 ──── PV
                                       └─────────┘
```

网络 6　时间到,1♯泵工频

```
     T33       I0.2      I0.5      I0.1      M0.3
 ┌──┤ ├──┬──┤/├──────┤/├──────┤/├──────(  )
 │   M0.3  │
 └──┤ ├──┘
```

网络 7　变频器达到下限,1#泵停止

```
   I0.4              I0.1           M0.4
───┤ ├──┬──────────┤/├───────────( )───
   M0.4 │
───┤ ├──┘
```

网络 8　变频器达到下限,1#泵停止

```
                                    C1
   I0.4                         ┌─────────┐
───┤ ├──────────────────────────┤CU   CTU│
   M1.2                         │         │
───┤ ├──────────────────────────┤R        │
                                │         │
                          +2 ──┤PV       │
                                └─────────┘
```

网络 9　变频器再次达到上限,1#泵变频

```
   C0       I0.2     I0.5     I0.1     M0.5
───┤ ├──┬──┤/├──────┤/├──────┤/├──────( )───
   M0.5 │
───┤ ├──┘
```

网络 10　变频器再次达到上限,1#泵停止

```
   C0       I0.2     I0.5     I0.1     M0.6
───┤ ├──┬──┤/├──────┤/├──────┤/├──────( )───
   M0.6 │
───┤ ├──┘
```

网络 11　变频器再次达到上限,启动定时

```
   M0.5     I0.2     I0.5              T34
───┤ ├──────┤/├──────┤/├──────    ┌─────────┐
                               │IN    TON│
                               │         │
                        +200 ──┤PT   10 ms│
                               └─────────┘
```

网络 12　变频器再次达到上限,1#泵变频

```
   M0.5                             M1.1
───┤ ├────────────────────────────( )───
```

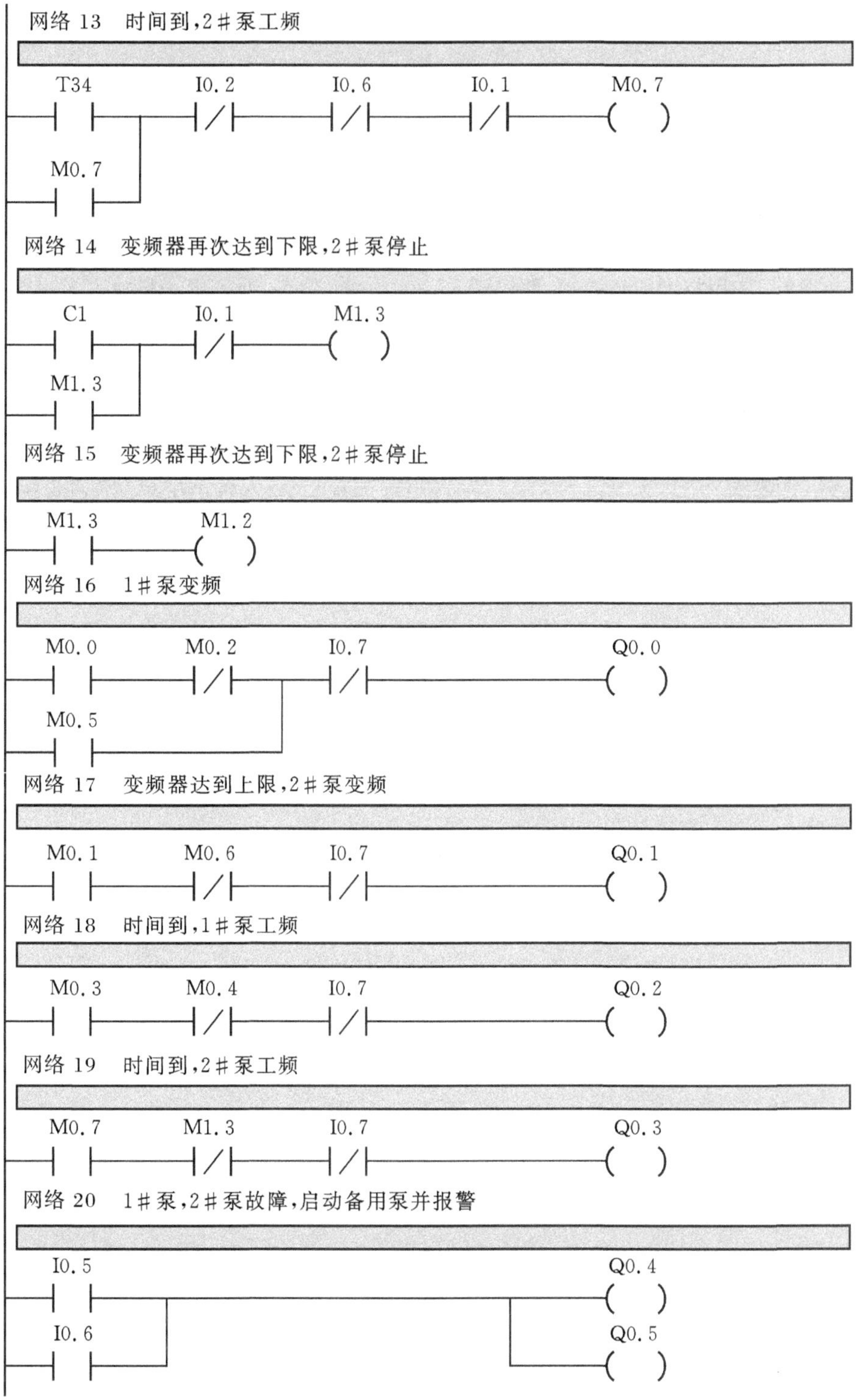

网络 13　时间到,2♯泵工频

```
 T34       I0.2      I0.6      I0.1      M0.7
 ─┤├──┬──  ─┤/├──    ─┤/├──    ─┤/├──    ─(  )
      │
 M0.7 │
 ─┤├──┘
```

网络 14　变频器再次达到下限,2♯泵停止

```
 C1        I0.1      M1.3
 ─┤├──┬──  ─┤/├──    ─(  )
      │
 M1.3 │
 ─┤├──┘
```

网络 15　变频器再次达到下限,2♯泵停止

```
 M1.3      M1.2
 ─┤├──     ─(  )
```

网络 16　1♯泵变频

```
 M0.0      M0.2      I0.7                Q0.0
 ─┤├──┬──  ─┤/├──    ─┤/├──              ─(  )
      │
 M0.5 │
 ─┤├──┘
```

网络 17　变频器达到上限,2♯泵变频

```
 M0.1      M0.6      I0.7                Q0.1
 ─┤├──     ─┤/├──    ─┤/├──              ─(  )
```

网络 18　时间到,1♯泵工频

```
 M0.3      M0.4      I0.7                Q0.2
 ─┤├──     ─┤/├──    ─┤/├──              ─(  )
```

网络 19　时间到,2♯泵工频

```
 M0.7      M1.3      I0.7                Q0.3
 ─┤├──     ─┤/├──    ─┤/├──              ─(  )
```

网络 20　1♯泵,2♯泵故障,启动备用泵并报警

```
 I0.5                                    Q0.4
 ─┤├──┬──                                ─(  )
      │
 I0.6 │                                  Q0.5
 ─┤├──┘                                  ─(  )
```

图 8-11　恒压供水系统 PLC 主程序

参 考 文 献

[1] 祝福,陈贵银.西门子 S7-200 系列 PLC 应用技术[M].北京:电子工业出版社,2015.

[2] 林小宁.可编程控制器应用技术[M].北京:电子工业出版社,2013.

[3] 姜新桥.PLC 应用技术项目教程(西门子 S7-200)[M].西安:西安电子科技大学出版社,2012.

[4] 华满香,刘小春.电气控制与 PLC 应用[M].北京:人民邮电出版社,2015.

[5] 田淑珍.S7-200PLC 原理及应用[M].北京:机械工业出版社,2009.

[6] 徐国林.PLC 应用技术[M].北京:机械工业出版社,2010.

[7] 向晓汉.西门子 S7-200PLC 完全精通教程[M].北京:化学工业出版社,2012.

[8] 王淑英,赵建光.S7-200 西门子 PLC 基础教程[M].北京:人民邮电出版社,2016.